目次

教科書ぴったりトレーニング
数研出版版 数学1年

■ 成績アップのための学習メソッド　▶ 2～5

■ 学習内容

■ 定期テスト予想問題　▶ 137 ～ 151

■ 解答集　▶ 別冊

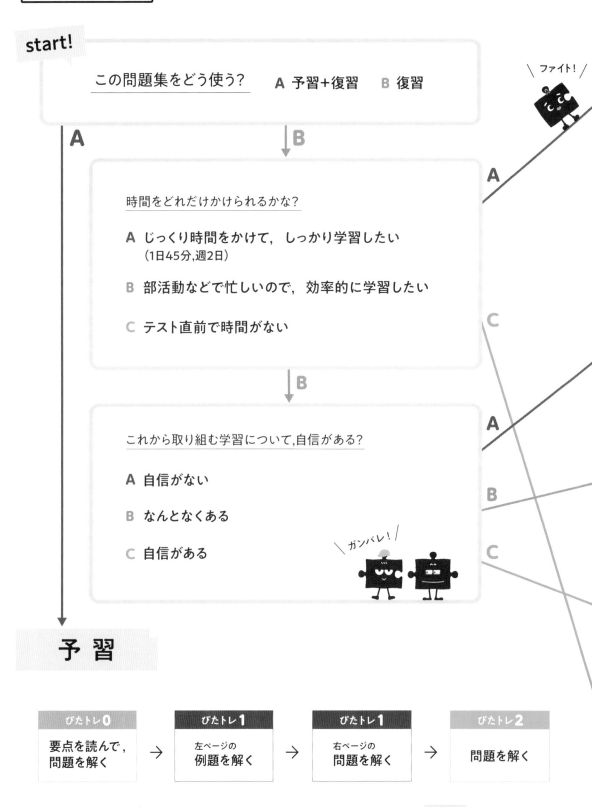

成績アップのための 学習メソッド

自分にあった学習法を見つけよう！

start!

この問題集をどう使う？　　A 予習＋復習　　B 復習

A

B

時間をどれだけかけられるかな？

A じっくり時間をかけて，しっかり学習したい
（1日45分,週2日）

B 部活動などで忙しいので，効率的に学習したい

C テスト直前で時間がない

B

これから取り組む学習について,自信がある？

A 自信がない

B なんとなくある

C 自信がある

\ ファイト！ /

A

C

A

B

C

\ ガンバレ！ /

予 習

びたトレ0		びたトレ1		びたトレ1		びたトレ2
要点を読んで，問題を解く	→	左ページの例題を解く	→	右ページの問題を解く	→	問題を解く

わからない時は…学校の授業をしっかり聞いて解決！　→　残りのページを　復習　として解く

復 習

目安の時間には,丸付けや見直しの時間も含まれているよ。

日 常 学 習

じっくりコース（1日45分,週2日）

ぴたトレ0	ぴたトレ1 **45分**
要点を読んで,問題を解く	左ページの**例題を解く**　右ページの**問題を解く**
	→ 解けないときは　→ 解けないときは
	[考え方] を見直す　● キーポイント を読む

定期テスト予想問題や別冊mini bookなども活用しましょう。

教科書のまとめ	ぴたトレ3 **45分**	ぴたトレ2 **45分**
まとめを読んで,学習した内容を確認する	テストを解く	問題を解く
	→ 解けないときは　ぴたトレ1 ぴたトレ2 に戻る	→ 解けないときは　[ヒント] を見る　ぴたトレ1 に戻る

時短 A コース

ぴたトレ1 **45分**	ぴたトレ2 **30分**	ぴたトレ3
問題を解く	よく出る だけ解く	時間があれば取り組もう!

時短 B コース

ぴたトレ1 **20分**	ぴたトレ2 **45分**	ぴたトレ3 **45分**
右ページの よく出る 絶対理解 だけ解く	問題を解く	テストを解く

時短 C コース

ぴたトレ1	ぴたトレ2 **45分**	ぴたトレ3 **45分**
省略	問題を解く	テストを解く

\ めざせ,点数アップ! /

テスト直前コース

5日前 ぴたトレ1	3日前 ぴたトレ2	1日前 定期テスト予想問題	当日 別冊mini book
右ページの よく出る 絶対理解 だけ解く	よく出る だけ解く	テストを解く	赤シートを使って最終確認する

コースがきまったら,4～5ページを見てみよう ➡

⟪ ぴたトレの構成と使い方 ⟫

教科書ぴったりトレーニングは,おもに,「ぴたトレ1」,「ぴたトレ2」,「ぴたトレ3」で構成
されています。それぞれの使い方を理解し,効率的に学習に取り組みましょう。
なお,「ぴたトレ3」「定期テスト予想問題」では学校での成績アップに直接結びつくよう,
通知表における観点別の評価に対応した問題を取り上げています。

学校の通知表は以下の観点別の評価がもとになっています。

知識
技能

思考力
判断力
表現力

主体的に
学習に
取り組む態度

一緒にがんばろう!

ぴたトレ0
スタートアップ

各章の学習に入る前の準備として,
これまでに学習したことを確認します。

学習メソッド
この問題が難しいときは,以前の学習に戻ろう。あわてなくても
大丈夫。苦手なところが見つかってよかったと思おう。

↓

ぴたトレ1
要点チェック

基本的な問題を解くことで,基礎学力が定着します。

例題1

穴埋め式の問題です。
答えは右ページ下にあります。

プラスワン

例題に関する解説や追加
事項を扱っています。

学習メソッド

どこでつまずいたかが
わかるようにチェック
ボックスを活用しよう。

コツコツ学習すること
が大切だよ。「週○日
は数学」,「1日○分」な
ど目標を立てて学習す
るといいよ。

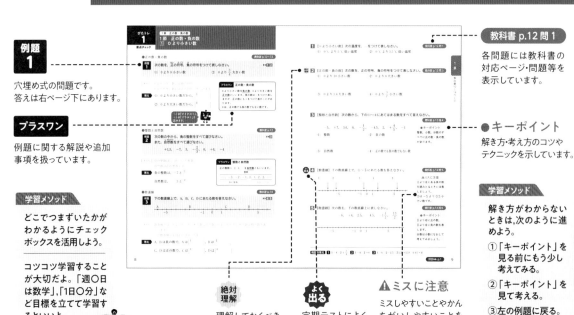

教科書 p.12 問1

各問題には教科書の
対応ページ・問題等を
表示しています。

●キーポイント

解き方・考え方のコツや
テクニックを示しています。

学習メソッド

解き方がわからない
ときは,次のように進
めよう。

① 「キーポイント」を
見る前にもう少し
考えてみる。

② 「キーポイント」を
見て考える。

③ 左の例題に戻る。

絶対理解

理解しておくべき
重要な問題です。

よく出る

定期テストによく
出る問題です。

⚠ ミスに注意

ミスしやすいことやかん
ちがいしやすいことを
確認できます。

理解力・応用力をつける問題です。
解答集の「理解のコツ」では実力アップに欠かせない内容を示しています。

学習メソッド

解き方がわからないときは、下の「ヒント」を見るか、「ぴたトレ1」に戻ろう。
間違えた問題があったら、別の日に解きなおしてみよう。

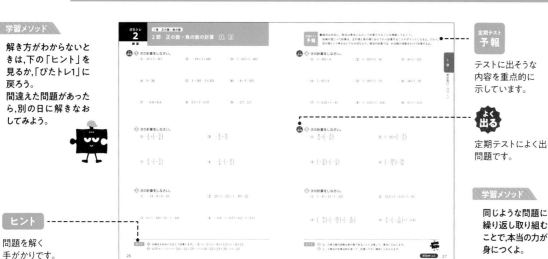

定期テスト
予報

テストに出そうな
内容を重点的に
示しています。

よく
出る

定期テストによく出る
問題です。

学習メソッド

同じような問題に
繰り返し取り組む
ことで、本当の力が
身につくよ。

ヒント

問題を解く
手がかりです。

どの程度学力がついたかを自己診断するテストです。

成績評価の観点

知 考

問題ごとに「知識・技能」
「思考力・判断力・表現力」の
評価の観点が示してあります。

学習メソッド

テスト本番のつもりで
何も見ずに解こう。

• 解けたけど答えを間違えた
→ぴたトレ2の問題を解いてみよう。
• 解き方がわからなかった
→ぴたトレ1に戻ろう。

学習メソッド

答え合わせが終わったら、苦手な問題がないか確認しよう。

点
UP

テストで問われる
ことが多い、やや難
しい問題です。

知 　　/80点

各観点の配点欄です。
自分がどの観点に弱いか
を知ることができます。

教科書の
まとめ

各章の最後に、重要事項を
まとめて掲載しています。

学習メソッド

重要事項をしっかり見直したいときは「教科書のまとめ」、
短時間で確認したいときは「別冊minibook」を使うといいよ。

定期テスト
予想問題

定期テストに出そうな問題を取り上げています。
解答集に「出題傾向」を掲載しています。

学習メソッド

ぴたトレ3と同じように、テスト本番のつもりで解こう。
テスト前に、学習内容をしっかり確認しよう。

次の学習に
入る前に
取り組もう。

□**不等号**　　　　　　　　　　　　　　　　　　　　　　◀ 小学 3 年

$\dfrac{8}{8} = 1$ のように，等しいことを表す記号 = を等号といい，

$1 > \dfrac{5}{8}$ や $\dfrac{3}{8} < \dfrac{5}{8}$ のように，大小を表す記号 $>$，$<$ を不等号といいます。

□**計算のきまり**　　　　　　　　　　　　　　　　　　　◀ 小学 4〜6 年

$a+b=b+a$　　　　　　　　　　$(a+b)+c=a+(b+c)$
$a×b=b×a$　　　　　　　　　　$(a×b)×c=a×(b×c)$
$(a+b)×c=a×c+b×c$　　　　　$(a-b)×c=a×c-b×c$

① 次の数を下の数直線上に表し，小さい順に書きなさい。　　◀ 小学 5 年〈分数と小数〉

$$\dfrac{3}{10},\ 0.6,\ \dfrac{3}{2},\ 1.2,\ 2\dfrac{1}{5}$$

数直線の 1 めもりは
0.1 だから……

0　　　　　　　　1　　　　　　　　2

② 次の◻にあてはまる記号を書いて，2 数の大小を表しなさい。　◀ 小学 3，5 年
〈分数，小数の大小，
分数と小数の関係〉

(1)　3 ◻ 2.9　　　　　　　　　(2)　2 ◻ $\dfrac{9}{4}$

ヒント

大小を表す記号は
……

(3)　$\dfrac{7}{10}$ ◻ 0.8　　　　　　　(4)　$\dfrac{5}{3}$ ◻ $\dfrac{5}{4}$

③ 次の計算をしなさい。　　　　　　　　　　　　　　◀ 小学 5 年〈分数のたし
算とひき算〉

(1)　$\dfrac{1}{3} + \dfrac{1}{2}$　　　　　　　　　(2)　$\dfrac{5}{6} + \dfrac{3}{10}$

ヒント

通分すると……

(3)　$\dfrac{1}{4} - \dfrac{1}{5}$　　　　　　　　　(4)　$\dfrac{9}{10} - \dfrac{11}{15}$

(5)　$1\dfrac{1}{4} + 2\dfrac{5}{6}$　　　　　　　　(6)　$3\dfrac{1}{3} - 2\dfrac{11}{12}$

④ 次の計算をしなさい。

(1) $0.7+2.4$

(2) $4.5+5.8$

(3) $3.2-0.9$

(4) $7.1-2.6$

◀ 小学4年〈小数のたし算とひき算〉

ヒント
位をそろえて……

⑤ 次の計算をしなさい。

(1) $20\times\dfrac{3}{4}$

(2) $\dfrac{5}{12}\times\dfrac{4}{15}$

(3) $\dfrac{3}{8}\div\dfrac{15}{16}$

(4) $\dfrac{3}{4}\div12$

(5) $\dfrac{1}{6}\times3\div\dfrac{5}{4}$

(6) $\dfrac{3}{10}\div\dfrac{3}{5}\div\dfrac{5}{2}$

◀ 小学6年〈分数のかけ算とわり算〉

ヒント
わり算は逆数を考えて……

⑥ 次の計算をしなさい。

(1) $3\times8-4\div2$

(2) $3\times(8-4)\div2$

(3) $(3\times8-4)\div2$

(4) $3\times(8-4\div2)$

◀ 小学4年〈式と計算の順序〉

ヒント
×，÷や（　）をさきに計算すると……

⑦ 計算のきまりを使って，次の計算をしなさい。

(1) $6.3+2.8+3.7$

(2) $2\times8\times5\times7$

(3) $10\times\left(\dfrac{1}{5}+\dfrac{1}{2}\right)$

(4) $18\times7+18\times3$

◀ 小学4～6年〈計算のきまり〉

ヒント
きまりを使って工夫すると……

⑧ 次の □ にあてはまる数を書いて計算しなさい。

(1) $57\times99=57\times\left(\boxed{①}-\boxed{②}\right)$

$=57\times\boxed{①}-57=\boxed{③}$

(2) $25\times32=\left(25\times\boxed{①}\right)\times\boxed{②}$

$=100\times\boxed{②}=\boxed{③}$

◀ 小学4年〈計算のくふう〉

ヒント
$99=100-1$ や $25\times4=100$ を使うと……

1章

解答▶▶ p.1

7

● 正の数，負の数

教科書 p.16〜18

例題 1 次の数を，正の符号，負の符号を使って表しなさい。 ▶▶ 1 2

(1) 0 より 7 大きい数　　　　　　(2) 0 より 3 小さい数

考え方 0 より大きい数は正の符号，0 より小さい数は負の符号を使って表します。

答え (1) 　　　(2) ②

> **プラスワン　正の数，負の数，自然数**
>
> 0 より大きい数を**正の数**，0 より小さい数を**負の数**，正の整数のことを**自然数**といいます。
>
> 整数
>
> ……，−3，−2，−1，0，+1，+2，+3，……
>
> 負の整数　　　　　　正の整数(自然数)

● 符号のついた数で表す

教科書 p.19〜20

例題 2 A 地点を基準にして，それより東へ 2 km の地点を +2 km と表すとき，A 地点から西へ 3 km の地点を正の符号，負の符号を使って表しなさい。 ▶▶ 3

考え方 ある基準に関して反対の性質をもつ数量は，一方を正の符号＋を使って表すと，他方は負の符号−を使って表すことができます。

答え A 地点から西の方向は負の符号を使って表されるから，[　　　] km
　　　　　　東の反対は西

「マイナス 3 km」と読みます。　　西 ← A → 東　　「プラス 2 km」と読みます。

−3km　0km　+2km

● 数直線

教科書 p.21〜22

例題 3 下の数直線で，点 A，点 B の表す数を答えなさい。 ▶▶ 4 5

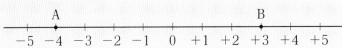

A　　　　　　　　　　　B
−5 −4 −3 −2 −1　0 +1 +2 +3 +4 +5

考え方 数直線の 0 より右側にある数は正の数，左側にある数は負の数を表しています。

答え 点 A は負の数で ①

　　 点 B は正の数で ②

> 数直線上の 0 の点を原点といいます。

絶対理解

1 【正の符号，負の符号】0 °C を基準にしたとき，次の温度を，正の符号，負の符号を使って表しなさい。

教科書 p.17 問 1

□(1) 0 °C より 3 °C 低い温度 　　□(2) 0 °C より 12 °C 高い温度

● キーポイント
0℃より低い温度には
ー，高い温度には＋を
つけて表します。

よく出る

2 【正の数，負の数】次の数を，正の符号，負の符号を使って表しなさい。

教科書 p.18 問 2

□(1) 0 より 10 小さい数 　　□(2) 0 より 8 大きい数

□(3) 0 より 3.4 大きい数 　　□(4) 0 より $\frac{3}{7}$ 小さい数

3 【符号のついた数で表す】東西にのびる道路で，東へ 6 km 進むことを +6 km と表すとき，次の数量を，正の符号，負の符号を使って表しなさい。

教科書 p.20 例 3

□(1) 東へ 4 km 進む 　　□(2) 西へ 8 km 進む

● キーポイント
基準は「東へも西へも
進まないこと」です。

絶対理解

4 【数直線】下の数直線で，A〜C の各点の表す数を答えなさい。

教科書 p.22 問 1

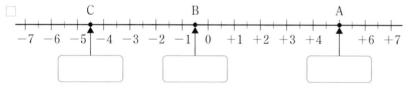

● キーポイント
数直線の0の点は原点
です。正の数は原点よ
り右，負の数は原点よ
り左にあります。

5 【数直線】下の数直線上に，次の数を表す点をかき入れなさい。

教科書 p.22 問 2

□(1) +2.5 　　　□(2) -1.5 　　　□(3) $-\frac{11}{2}$

⚠ ミスに注意
数直線の1めもりは，
0.5 を表しています。

(3) $-\frac{11}{2} = -5.5$

例題の答え **1** ①+7 ②-3 **2** -3 **3** ①-4 ②+3

解答▶▶ p.1〜2

1章　正の数と負の数
① **正の数と負の数**
② **数の大小―(2)**

●数の大小と不等号

教科書 p.22〜23

例題 **1**　次の各組の数の大小を，不等号（ふとうごう）を使って表しなさい。　▶▶**1**

(1)　−2，+3　　　　(2)　−5，−7

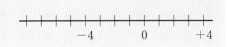

考え方　数直線上で，右側にある数ほど大きく，左側にある数ほど小さくなります。

大きくなる
小さくなる

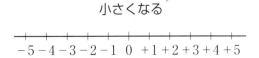

答え　(1)　+3 は −2 より右側にあるから，
　　　　　+3 の方が大きい。

　　　　　−2 ①[＿＿＿] +3

(2)　−5 は −7 より右側にあるから，
　　　−5 の方が大きい。

　　　−5 ②[＿＿＿] −7

●絶対値

教科書 p.24〜25

例題 **2**　次の数の絶対値（ぜったいち）を答えなさい。　▶▶**2 3**

(1)　+3　　　　　　　　　　　　(2)　−4

考え方　数直線上で，その数と原点との距離を考えます。

答え　(1)　①[＿＿＿]　　(2)　②[＿＿＿]

例題 **3**　次の各組の大小を不等号を使って表しなさい。　▶▶**4**

(1)　+2，+6　　　　　　　　　　(2)　−2，−6

考え方　同じ符号（ごう）どうしの数の大小は，絶対値の大きさを比べます。

答え　(1)　+6 は +2 より絶対値が大きいので，
　　　　　+2 ①[＿＿＿] +6
　　　　　　　　　　　　　　　　　　　正の数は 0 より大きく，
　　　　　　　　　　　　　　　　　　　絶対値が大きいほど大きい

(2)　−6 は −2 より絶対値が大きいので，
　　　−2 ②[＿＿＿] −6
　　　　　　　　　　　　　　　　　　負の数は 0 より小さく，
　　　　　　　　　　　　　　　　　　絶対値が大きいほど小さい

 **1** 【数の大小と不等号】次の各組の数の大小を，不等号を使って表しなさい。

教科書 p.23 例 1

□(1) $+4$, -4

□(2) -0.5, -1.5

 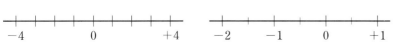

2 【絶対値】次の数の絶対値を答えなさい。

教科書 p.24 問 4

□(1) -9

□(2) $+8$

□(3) $+0.1$

□(4) $-\dfrac{2}{3}$

●キーポイント
絶対値は，正の数，負の数からその数の符号をとったものと考えられます。

数		絶対値
$+4$	→	4
-4	→	4

3 【絶対値】次の数をすべて答えなさい。

教科書 p.24 問 5

□(1) 絶対値が 5 になる数

□(2) 絶対値が 0 になる数

□(3) 絶対値が 4.7 になる数

□(4) 絶対値が $\dfrac{4}{5}$ になる数

⚠ミスに注意
絶対値が 5 になる数は正の数と負の数の 2 つあります。

 4 【絶対値】次の各組の数の大小を，不等号を使って表しなさい。

教科書 p.25 問 6

□(1) -10, $+6$

□(2) -7, -4

□(3) -0.24, -0.19

□(4) -3, $+5$, -8

●キーポイント
① 負の数 < 0 < 正の数
② 正の数は 0 より大きく，絶対値が大きいほど大きい。
③ 負の数は 0 より小さく，絶対値が大きいほど小さい。

例題の答え **1** ①< ②> **2** ①3 ②4 **3** ①< ②>

解答 ▶▶ p.2

●符号が同じ数の和

教科書 p.26〜27

例題 1 次の計算をしなさい。 ▶▶ **1** **3**

(1)　$(+2)+(+5)$　　　　　　　　(2)　$(-4)+(-9)$

考え方 符号が同じ2つの数の和は，

｜ 符号　…共通の符号
｜ 絶対値…2つの数の絶対値の和

答え (1)　$(+2)+(+5)$
　　　　　$=+(2+5)$　　符号を決める（共通の符号は＋）
　　　　　$=$ ①□　　　　絶対値の和を計算

(2)　$(-4)+(-9)$
　　　$=-(4+9)$　　符号を決める（共通の符号は－）
　　　$=$ ②□

●符号が異なる数の和

教科書 p.28〜29

例題 2 次の計算をしなさい。 ▶▶ **2** **3**

(1)　$(-8)+(+3)$　　　　　　　　(2)　$(-4)+(+5)$

考え方 符号が異なる2つの数の和は，

｜ 符号　…絶対値が大きい数の符号
｜ 絶対値…絶対値が大きい方から小さい方をひいた差

答え (1)　$(-8)+(+3)$
　　　　　$=-(8-3)$　　符号を決める（絶対値の大きい方の符号は－）
　　　　　$=$ ①□　　　　絶対値の差を計算

-8 の絶対値は 8
$+3$ の絶対値は 3

(2)　$(-4)+(+5)$
　　　$=+(5-4)=$ ②□

●加法の計算法則

教科書 p.30

例題 3 $(+5)+(-9)+(+7)+(-6)$ の計算をしなさい。 ▶▶ **4**

考え方 加法では，交換法則や結合法則が成り立つことを使って，
数の順序や組み合わせを変えて計算できます。

たし算のことを
加法といいます。

答え $(+5)+(-9)+(+7)+(-6)$
　　　$=\{(+5)+(+7)\}+\{(-9)+(-6)\}$　　加法の交換法則　$\square+\bigcirc=\bigcirc+\square$
　　　$=(+12)+(-15)$　　加法の結合法則　$(\square+\bigcirc)+\triangle=\square+(\bigcirc+\triangle)$
　　　$=$ □

1 【符号が同じ数の和】下の数直線を利用して，次の計算をしなさい。

教科書 p.26 例 1，p.27 例 2

□(1) $(+2)+(+7)$

●キーポイント
「＋△」は正の方向に△進む，「－□」は負の方向に□進むと考えます。

□(2) $(-5)+(-3)$

2 【符号が異なる数の和】下の数直線を利用して，次の計算をしなさい。

教科書 p.28 例 3,4

□(1) $(+5)+(-10)$

□(2) $(-5)+(+8)$

3 【2つの数の加法】次の計算をしなさい。

教科書 p.29 問 5

□(1) $(+9)+(+6)$ □(2) $(-15)+(-8)$

●キーポイント
異なる符号
絶対値が等しい ⟩→0

$\begin{cases} ●+0=● \\ 0+■=■ \end{cases}$

□(3) $(+7)+(-18)$ □(4) $(-19)+(+34)$

□(5) $(-12)+(+12)$ □(6) $0+(-16)$

4 【加法の計算法則】次の計算をしなさい。

教科書 p.30 問 6

□(1) $(-6)+(+13)+(-4)$

□(2) $(-2)+(-9)+(+20)+(-6)$

□(3) $(-9)+(+23)+(-13)+(+9)$

例題の答え **1** ①$+7$ ②-13 **2** ①-5 ②$+1$ **3** -3

●正の数，負の数の減法

教科書 p.31〜32

 例題 1　次の計算をしなさい。　▶▶ **1**〜**3**

(1)　$(-3)-(+8)$

(2)　$(-9)-(-4)$

(3)　$(-5)-0$

考え方　ひき算は，ひく数の符号を変えて，たし算になおしてから計算します。

答え

(1)　たし算になおす

$(-3)-(+8)=(-3)+\left(\boxed{①}\right)$

符号を変える

「$+8$ をひくこと」と，「-8 をたすこと」は同じ

同じ符号の 2 つの数の和

$=-(3+8)$

$=\boxed{②}$

ひき算のことを減法といいます。

(2)　$(-9)-(-4)=(-9)+\left(\boxed{③}\right)$

「-4 をひくこと」と，「$+4$ をたすこと」は同じ

異なる符号の 2 つの数の和

$=-(9-4)$

$=\boxed{④}$

(3)　$(-5)-0$

$=\boxed{⑤}$

ある数から 0 をひいても，差はもとの数に等しい
●$-0=$●

ここがポイント

●小数，分数の計算

教科書 p.33

例題 2　次の計算をしなさい。　▶▶ **4**

(1)　$(+3.7)-(-4.5)$

(2)　$\left(-\dfrac{3}{2}\right)+\left(+\dfrac{4}{5}\right)$

考え方　負の小数や分数の加法，減法も，整数のときと同じように計算します。

分数は通分して絶対値の大小を調べてから計算します。

答え

(1)　$(+3.7)-(-4.5)=(+3.7)+\left(\boxed{①}\right)$

$=+(3.7+4.5)$

$=\boxed{②}$

(2)　$\left(-\dfrac{3}{2}\right)+\left(+\dfrac{4}{5}\right)=\left(-\dfrac{15}{10}\right)+\left(\boxed{③}\right)$

$=-\left(\dfrac{15}{10}-\dfrac{8}{10}\right)$

$=\boxed{④}$

1 【正の数，負の数の減法】次の計算をしなさい。

教科書 p.32 例 1

□(1)　$(+5)-(+8)$　　　　　□(2)　$(+13)-(+19)$

●キーポイント
ひく数の符号＋を－に変えて，加法の式になおします。
$-(+\triangle)=+(-\triangle)$

□(3)　$(-7)-(+3)$　　　　　□(4)　$(-2)-(+5)$

2 【正の数，負の数の減法】次の計算をしなさい。

教科書 p.32 例 2

□(1)　$(+4)-(-4)$　　　　　□(2)　$(+17)-(-6)$

●キーポイント
ひく数の符号－を＋に変えて，加法の式になおします。
$-(-\square)=+(+\square)$

□(3)　$(-8)-(-2)$　　　　　□(4)　$(-5)-(-7)$

3 【正の数，負の数の減法】次の計算をしなさい。

教科書 p.32 問 2

□(1)　$(-6)-0$　　　　　　□(2)　$0-(-12)$

⚠ミスに注意
$0-(-12)=-12$ としないように注意します。

4 【小数，分数の計算】次の計算をしなさい。

教科書 p.33 例 3

□(1)　$0-(-5.6)$　　　　　□(2)　$(-7.3)-(-5.8)$

□(3)　$\left(+\dfrac{4}{5}\right)+\left(-\dfrac{1}{5}\right)$　　　　□(4)　$\left(+\dfrac{1}{2}\right)-\left(-\dfrac{5}{6}\right)$

例題の答え　**1** ①-8　②-11　③$+4$　④-5　⑤-5　**2** ①$+4.5$　②$+8.2$　③$+\dfrac{8}{10}$　④$-\dfrac{7}{10}$

1章　正の数と負の数
② **加法と減法**
③ **加法と減法の混じった式**

●項を並べた式の計算

教科書 p.34〜36

□ **例題 1** $4-8-3+9$ を計算しなさい。　　　　▶▶ **1 2**

考え方 $4-8-3+9$ は，$(+4)+(-8)+(-3)+(+9)$ の式から加法の記号とかっこをはぶき，項を並べたものと考えて，同じ符号どうしの数をまとめます。

答え $4-8-3+9$

$=(+4)+\left(\boxed{①\qquad}\right)+(-3)+\left(\boxed{②\qquad}\right)$ ⎫
$=(+4)+(+9)+(-8)+(-3)$ ⎬ 1 加法だけの式になおす
$=(+13)+\left(\boxed{③\qquad}\right)$ ⎬ 2 同じ符号の数を集める　（加法の交換法則）
$=\boxed{④\qquad}$ ⎭ 3 同じ符号の数の和を求める
　　　　　　　　　　（加法の結合法則）

> **プラスワン**　項
>
> 加法だけの式 $(+4)+(-8)+(-3)+(+9)$ の
> それぞれの数を<u>項</u>といいます。
>
> 項… $+4$, -8, -3, $+9$
> 正の項　負の項

●加法と減法の混じった式の計算

教科書 p.36

□ **例題 2** $8-(+2)+(-7)-(-4)$ を計算しなさい。　　▶▶ **3 〜 5**

考え方 加法の記号＋とかっこをはぶきます。

答え $8-(+2)+(-7)-(-4)$

ここがポイント

$=8+(-2)+(-7)+\left(\boxed{①\qquad}\right)$ ⎫ 1 加法だけの式になおす
$=8-2-7+4$ ⎬ 2 項だけを並べた式にする
$=8+4-2-7$ ⎬ 3 項の順序を変える
$=12-9$ ⎭ 4 正の項，負の項をまとめる
$=\boxed{②\qquad}$

1 【項を並べた式の計算】次の式を項を並べた式で表しなさい。また，そのなおした式を計算しなさい。

教科書 p.35 問 3

☐(1)　$(+5)-(+9)$　　　　　☐(2)　$(-12)+(-3)-(-7)$

●キーポイント
式のはじめが正の数のときは，正の符号＋もはぶきます。

2 【項を並べた式の計算】次の計算をしなさい。

教科書 p.36 例 1

☐(1)　$8-4+11$　　　　　　☐(2)　$-11+6-14+12$

●キーポイント
先に同じ符号どうしの数をまとめます。

3 【加法と減法の混じった式の計算】次の計算をしなさい。

教科書 p.36 例 2

☐(1)　$(-4)-(+7)-(-6)$

●キーポイント
加法だけの式になおす
▼
加法の記号＋とかっこをはぶく

☐(2)　$(+9)+(-8)-(+13)-(-10)$

4 【加法と減法の混じった式の計算】次の計算をしなさい。

教科書 p.36 問 5

☐(1)　$10-(+8)+(-6)$　　　　☐(2)　$-21-(+7)-(-18)-3$

5 【加法と減法の混じった式の計算】次の計算をしなさい。

教科書 p.36 問 6

☐(1)　$-1.2+(-0.8)+1.3$　　　☐(2)　$0.4+(-1.7)-(+0.5)$

☐(3)　$-\dfrac{1}{2}+\dfrac{5}{6}+\left(-\dfrac{2}{3}\right)$　　　　☐(4)　$-\dfrac{5}{8}-\left(-\dfrac{4}{3}\right)-\dfrac{5}{6}$

例題の答え **1** ①-8　②$+9$　③-11　④$+2$　**2** ①$+4$　②$3$

1 次の数を，正の符号，負の符号を使って表しなさい。

□(1)　0 より 12 小さい数　　　　　　　　□(2)　0 より 15 大きい数

□(3)　0 より 0.9 小さい数　　　　　　　□(4)　0 より $\dfrac{2}{3}$ 小さい数

2 次の数量を，正の符号，負の符号を使って表しなさい。

□(1)　「4 m 長いこと」を ＋4 m と表すとき　　「9 m 短いこと」

□(2)　「2000 円の支出」を －2000 円と表すとき　　「3000 円の収入」

 3 下の数直線上に，次の数を表す点をかき入れなさい。

□(1)　＋0.5　　　　　□(2)　$-\dfrac{3}{2}$　　　　□(3)　$+\dfrac{9}{2}$　　　　　□(4)　－5.5

$$\begin{array}{cccccccccccc} & & & & & & & & & & & \\ -5 & -4 & -3 & -2 & -1 & 0 & +1 & +2 & +3 & +4 & +5 \end{array}$$

4 次の各組の数の大小を，不等号を使って表しなさい。

□(1)　－2.7，－3　　　　　　　　　　□(2)　$-\dfrac{4}{3}$，－1.4

□(3)　－4，＋5，－6　　　　　　　　　□(4)　－1.6，－2，＋0.9

5 次の数の絶対値を答えなさい。

□(1)　－1　　　　　　　　　　　　　　□(2)　$+\dfrac{5}{7}$

□(3)　－4.3　　　　　　　　　　　　　□(4)　$-\dfrac{9}{8}$

ヒント　**2** 反対の性質を表すには，数の符号を反対にすればよい。
　　　　4 正の数は負の数より大きい。負の数はその数の絶対値が大きいほど小さい。

定期テスト
予報

●正，負の数を数直線に対応させて考えるようにしよう。減法は加法へのなおし方を理解しておこう。
正，負の数の大小や絶対値の問題は，よく出題されるよ。
加法の交換法則と結合法則をうまく使って，効率よく計算できるように練習しよう。

⑥ 次の計算をしなさい。

☐(1)　$(-15)+(-17)$　　　☐(2)　$(-28)+(+33)$　　　☐(3)　$(+19)+(-45)$

☐(4)　$(-4)-(+19)$　　　☐(5)　$(-18)-(-26)$　　　☐(6)　$0-(-65)$

⑦ 次の計算をしなさい。

☐(1)　$6-15$　　　☐(2)　$-17+13$　　　☐(3)　$-28-16$

 よく出る

⑧ 次の計算をしなさい。

☐(1)　$-18+7+16-11$　　　☐(2)　$-15+24-100+78$

☐(3)　$16+(-31)-25-(-14)$　　　☐(4)　$-13-(-17)-(+7)+15$

☐(5)　$1.4-2.5-0.5+0.3$　　　☐(6)　$-2.4-(-3.2)+(-1.7)+1.3$

☐(7)　$\dfrac{3}{7}-\left(-\dfrac{5}{7}\right)-\dfrac{2}{7}+\left(-\dfrac{4}{7}\right)$　　　(8)　$-1+\dfrac{1}{2}-\left(-\dfrac{2}{3}\right)-\left(+\dfrac{3}{4}\right)$

⑨ 右の表において，縦，横，斜めの3つの数の和がそれぞれ等しくなる
☐ ようにするとき，㋐〜㋔にあてはまる数を求めなさい。

㋐	-4	-3
㋑	-2	㋒
-1	㋓	㋔

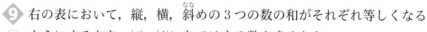
ヒント　⑦ はぶいた加法の記号＋とかっこを使って表すとわかりやすい。(3)$-28-16=(-28)+(-16)$
⑨ どの並びの数も，$(-1)+(-2)+(-3)$の和に等しい。

●正の数，負の数の乗法　　　　　　　　　　　　教科書 p.38〜42

□ **例題 1** 次の計算をしなさい。　　　　　　　　　　　　　▶▶**1**

(1) $(-5)\times(-2)$　　　　　　　　(2) $(+3)\times(-6)$

考え方 　① 符号が同じ 2 つの数の積 | 符号　…正の符号
　　　　　　　　　　　　　　　　　　 | 絶対値…2 つの数の絶対値の積

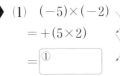

② 符号が異なる 2 つの数の積 | 符号　…負の符号
　　　　　　　　　　　　　　 | 絶対値…2 つの数の絶対値の積

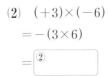

答え (1) $(-5)\times(-2)$
　　　　 $=+(5\times2)$
　　　　 $=\boxed{①}$

符号を決める
絶対値の積を
計算

ここがポイント

(2) $(+3)\times(-6)$
　　 $=-(3\times6)$
　　 $=\boxed{②}$

かけ算のことを，
乗法といいます。

●積の符号　　　　　　　　　　　　　　　　　　教科書 p.43〜44

□ **例題 2** $(-5)\times(-1)\times(-4)\times(+2)$ を計算しなさい。　▶▶**2**

考え方 　積の符号…負の数が | 偶数個のとき→正の符号＋
　　　　　　　　　　　　　 | 奇数個のとき→負の符号－

絶対値…それぞれの数の絶対値の積

答え $(-5)\times(-1)\times(-4)\times(+2)$
　　　 $=-(5\times1\times4\times2)$
　　　 $=\boxed{}$

符号を決める

絶対値の積を計算

負の数が 3 個→符号は－

●累乗　　　　　　　　　　　　　　　　　　　　教科書 p.45

□ **例題 3** 次の計算をしなさい。　　　　　　　　　　　　▶▶**3 4**

(1) $(-2)^2$　　　　　　　　　(2) -2^2

考え方 　(1) $(-2)^2$ は，-2 を 2 個かけ合わせることを表しています。
　　　　 (2) -2^2 は，2 を 2 個かけ合わせたものに－をつけています。

答え (1) $(-2)^2$
　　　　 $=(-2)\times(-2)=\boxed{①}$

(2) -2^2
　　 $=-(2\times2)=\boxed{②}$

プラスワン **累乗**

3^2 や $(-3)^2$ のように，同じ数
をいくつかかけ合わせたもの。
右かたの数は，かけ合わせた同
じ数の個数を表し，**指数**といい
ます。

指数
↓
$\underline{3\times3}=3^{\underline{2}}$
3 が 2 個

1 【正の数，負の数の乗法】次の計算をしなさい。

教科書 p.41 例 1,2

☐(1) $(+5) \times (+8)$ ☐(2) $(-4) \times (-6)$

☐(3) $(+10) \times (-5)$ ☐(4) $(-7) \times (+9)$

☐(5) $0 \times (-8)$ ☐(6) $(-1) \times (+2)$

☐(7) $(+4) \times (-3.2)$ ☐(8) $\left(-\dfrac{3}{4}\right) \times (-12)$

●キーポイント

① 符号を決める
$$\left.\begin{array}{l} \oplus \times \oplus \\ \ominus \times \ominus \end{array}\right\} \to \oplus$$
$$\left.\begin{array}{l} \oplus \times \ominus \\ \ominus \times \oplus \end{array}\right\} \to \ominus$$

② 絶対値の積を計算

2 【積の符号】次の計算をしなさい。

教科書 p.44 例 3

☐(1) $(+3) \times (-2) \times (-4)$ ☐(2) $(+4) \times (-9) \times (+2) \times (-5)$

☐(3) $-1.7 \times 3.2 \times 0 \times (-1.5)$ ☐(4) $\left(-\dfrac{3}{5}\right) \times (-1) \times \left(-\dfrac{1}{3}\right) \times 5$

●キーポイント

積の符号は，負の数の個数で決まります。

負の数が $\left\{\begin{array}{l} \text{偶数個} \to + \\ \text{奇数個} \to - \end{array}\right.$

3 【累乗】次の積を，累乗の指数を使って表しなさい。

教科書 p.45 例 4

☐(1) 9×9 ☐(2) $(-8) \times (-8)$ ☐(3) $\dfrac{4}{5} \times \dfrac{4}{5}$

4 【累乗をふくむ乗法】次の計算をしなさい。

教科書 p.45 例 5

☐(1) $(-7)^2$ ☐(2) $-3^2 \times (-4)$

●キーポイント

(2) まず，-3^2 を計算します。

例題の答え **1** ①$+10$ ②-18 **2** -40 **3** ①$4$ ②-4

●正の数，負の数の除法

教科書 p.46〜47

例題 1 次の計算をしなさい。 ▶▶**1 2**

(1) $(-18) \div (-3)$ (2) $(+24) \div (-6)$

考え方

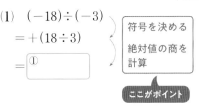

1 符号が同じ 2 つの数の商 ｜ 符号　…正の符号
｜ 絶対値…2 つの数の絶対値の商

2 符号が異なる 2 つの数の商 ｜ 符号　…負の符号
｜ 絶対値…2 つの数の絶対値の商

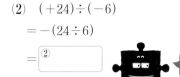

答え (1) $(-18) \div (-3)$
$= +(18 \div 3)$
$=$ ①〔　　　〕

符号を決める
絶対値の商を計算

ここがポイント

(2) $(+24) \div (-6)$
$= -(24 \div 6)$
$=$ ②〔　　　〕

わり算のことを，除法といいます。

●逆数

教科書 p.48

例題 2 $(-8) \div \left(-\dfrac{4}{3}\right)$ を乗法になおして計算しなさい。 ▶▶**3 4**

考え方　わる数を逆数にして，乗法になおします。

答え

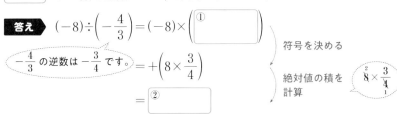

$(-8) \div \left(-\dfrac{4}{3}\right) = (-8) \times \left(\boxed{①}\right)$

$-\dfrac{4}{3}$ の逆数は $-\dfrac{3}{4}$ です。 $= +\left(8 \times \dfrac{3}{4}\right)$

$=$ ②〔　　　〕

符号を決める

絶対値の積を計算

$\overset{2}{8} \times \dfrac{3}{4}$

積が 1 になる 2 つの数の一方を，他方の逆数といいます。

●乗法と除法の混じった式の計算

教科書 p.49

例題 3 $8 \div \dfrac{4}{7} \times \left(-\dfrac{3}{7}\right)$ を計算しなさい。 ▶▶**5**

考え方　除法は乗法になおせることを使って，乗法だけの式になおします。

答え $8 \div \dfrac{4}{7} \times \left(-\dfrac{3}{7}\right)$

$= 8 \times \boxed{①} \times \left(-\dfrac{3}{7}\right)$

乗法だけの式にする

$= ②\boxed{} \left(8 \times \dfrac{7}{4} \times \dfrac{3}{7}\right)$

積の符号を決める

$= ③\boxed{}$

積の絶対値を求める

絶対理解

1 【正の数，負の数の除法】次の計算をしなさい。

□(1) $(+42) \div (-7)$　　　　□(2) $0 \div (-6)$

□(3) $(-5.6) \div (+7)$　　　　□(4) $(-1.8) \div (-0.6)$

教科書 p.47 例 1,2

●キーポイント
① 符号を決める
$$\left.\begin{array}{r} \oplus \div \oplus \\ \ominus \div \ominus \end{array}\right\} \to \oplus$$
$$\left.\begin{array}{r} \oplus \div \ominus \\ \ominus \div \oplus \end{array}\right\} \to \ominus$$
② 絶対値の商を計算

2 【除法と分数】次の計算をしなさい。

□(1) $(-14) \div (+9)$　　　　□(2) $(-21) \div (-49)$

教科書 p.47 例 3

●キーポイント
わり切れないときは，商を分数の形に表します。

3 【逆数】次の数の逆数を書きなさい。

□(1) -5　　　　　　　　　　□(2) $-\dfrac{1}{8}$

教科書 p.48 例 4

⚠ミスに注意
ある数の逆数の符号は，ある数の符号と同じになります。

4 【逆数】次の計算をしなさい。

□(1) $\dfrac{3}{8} \div \left(-\dfrac{9}{16}\right)$　　　　□(2) $\left(-\dfrac{15}{28}\right) \div \left(-\dfrac{3}{7}\right)$

教科書 p.48 例 5

●キーポイント
わる数を逆数にして，乗法になおして計算します。

よく出る

5 【乗法と除法の混じった式の計算】次の計算をしなさい。

□(1) $-9 \times \left(-\dfrac{2}{3}\right) \div \left(-\dfrac{1}{2}\right)$

□(2) $\left(-\dfrac{3}{4}\right) \div (-6) \times \left(-\dfrac{8}{9}\right)$

教科書 p.49 例 6

例題の答え **1** ①$+6$　②-4　**2** ①$-\dfrac{3}{4}$　②$+6$　**3** ①$\dfrac{7}{4}$　②$-$　③-6

1章　正の数と負の数
④ いろいろな計算
1 四則

●四則の混じった式の計算　　　　　　　　　　　　　　　教科書 p.50

例題1 次の計算をしなさい。　　　　　　　　▶▶**1**

(1) $8+3\times(-6)$　　　　　　　(2) $(7-5^2)\div(-3)$

考え方
●累乗のある式は，累乗を先に計算する。
●乗法や除法は，加法や減法よりも先に計算する。
●かっこのある式は，かっこの中を先に計算する。

加法，減法，乗法，除法をまとめて四則といいます。

答え (1) $8+3\times(-6)$

$=8+\left(\boxed{①}\right)$ ⎫乗法を先に計算

$=\boxed{②}$

(2) $(7-5^2)\div(-3)$

$=\left(7-\boxed{③}\right)\div(-3)$ ⎫累乗を先に計算

$=\left(\boxed{④}\right)\div(-3)$ ⎫かっこの中を先に計算

$=\boxed{⑤}$

●分配法則を利用した計算　　　　　　　　　　　　　　　教科書 p.51

例題2 分配法則を利用して，$4\times\{7+(-25)\}$ を計算しなさい。　　▶▶**2**

考え方　分配法則 $\square\times(\bigcirc+\triangle)=\square\times\bigcirc+\square\times\triangle$ を利用します。

答え $4\times\{7+(-25)\}=4\times\boxed{①}+4\times(-25)$

$=\boxed{②}+(-100)$

$=\boxed{③}$

> **プラスワン** 分配法則
>
> 分配法則はどんな数でも成り立ちます。
>
> $\square\times(\bigcirc+\triangle)=\square\times\bigcirc+\square\times\triangle$
>
> $(\bigcirc+\triangle)\times\square=\bigcirc\times\square+\triangle\times\square$

●数の集合と四則　　　　　　　　　　　　　　　　　　教科書 p.52〜53

例題3 自然数と自然数の減法の結果が自然数にならないような例を1つあげなさい。

▶▶**3**

考え方　結果が0や負の整数になるのはどんな場合か考える。

答え ひく数がひかれる数より $\boxed{①}$ とき，

計算結果は負の数になる。

(例) $5-7=\boxed{②}$

> **プラスワン** 数の集合
>
> すべての数 ─ 整数 ─ 自然数

1 【四則の混じった式の計算】次の計算をしなさい。

教科書 p.50 例 1,2

- □(1) $(-3)^2 + 30 \div (-6)$
- □(2) $(5 - 2^3) \times (-2)^2$

- □(3) $(4^2 - 7) \div (-3)$
- □(4) $(-6^2) \div \{18 + (-3)^3\}$

●キーポイント
1. 累乗のある式は，累乗を先に計算
2. 乗法や除法は，加法や減法よりも先に計算
3. かっこのある式は，かっこの中を先に計算

1 章 教科書 50 〜 53 ページ

2 【分配法則】分配法則を利用して，次の計算をしなさい。

教科書 p.51 例 3,4

- □(1) $18 \times \left(\dfrac{4}{9} - \dfrac{5}{6} \right)$

- □(2) $(8 - 100) \times (-7)$

3 【数の集合と四則】下の ⬚ にいろいろな整数を入れて計算したとき，結果がいつも整

□ 数になるとは限らないものは，㋐〜㋓のうちのどれですか。

また，結果が整数にならないような例を 1 つ答えなさい。

教科書 p.53 問 5

- ㋐ ⬚ ＋ ⬚
- ㋑ ⬚ － ⬚
- ㋒ ⬚ × ⬚
- ㋓ ⬚ ÷ ⬚

例題の答え **1** ①−18 ②−10 ③25 ④−18 ⑤6 **2** ①7 ②28 ③−72 **3** ①大きい ②−2

1章　正の数と負の数
④　いろいろな計算
② 素因数分解／③　正の数，負の数の利用

●素因数分解

教科書 p.54〜55

例題 **1** 120 を素因数分解しなさい。　　　　　　　　　　▶▶**1**〜**3**

考え方 　右のように，120 を 2，3，……のような
素数でわっていきます。

答え　　$120＝2×2×2×\boxed{①}×5$

　　　　$＝\boxed{②}×3×5$

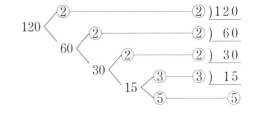

プラスワン　**素数，素因数**

素数…1 とその数自身の積でしか表せない数のこと。1 は素数にふくめない。
素因数…自然数をいくつかの積の形で表したとき，かけ合わされた
　　　　1 つ 1 つの素数のこと。

$30＝②×③×⑤$
└─素因数─┘

●正の数，負の数の利用

教科書 p.57〜58

例題 **2** はるかさんは，数学の問題を 1 週間に 50 題解くことを目標にしています。
下の表は，6 週間で解いた数学の問題数を表しています。　　▶▶**4**

	第1週	第2週	第3週	第4週	第5週	第6週
解いた数(題)	60	54	48	56	47	53

(1)　週ごとに解いた問題数を，50 題を基準として，それより多い数を正の数，少
ない数を負の数で表します。㋐，㋑にあてはまる数を求めなさい。

	第1週	第2週	第3週	第4週	第5週	第6週
基準との差(個)	+10	㋐	−2	+6	㋑	+3

(2)　1 週間あたりの解いた問題数の平均を求めなさい。

考え方 　(2)　$(基準の値)＋\dfrac{(基準とのちがいの合計)}{(数量の個数)}＝(平均)$ を使うと，簡単に求められます。

答え　(1)　㋐　$54−50＝\boxed{①}$

　　　　　　　　　　　　　　基準とのちがい＝実際の値−基準の値　◀ ここがポイント

　　　　㋑　$47−50＝\boxed{②}$

　　(2)　$(10+4−2+6−3+3)÷6＝\boxed{③}$

　　　　$50+3＝\boxed{④}$　（題）

1 【素数】下の数の中から，素数であるものを選び，○で囲みなさい。 教科書 p.54 問 1

☐   14   15   18   19   21   23   29

2 【素因数分解】次の数を素因数分解しなさい。 教科書 p.55 例 2

☐(1)   36   ☐(2)   108

⚠ ミスに注意

(1) $36 = 4 \times 3^2$ は ま ちがいです。4 は まだ素因数の積に 分解できます。

3 【素因数分解】次の数は，ある自然数の平方です。その自然数をもとめなさい。

教科書 p.55 問 3

☐(1)   784   ☐(2)   576

4 【正の数，負の数の利用】A 商店では，毎日 60 個の弁当を売ることを目標にしていて，最近 1 週間の販売個数は，日曜日から順に，次のようでした。

70 個   54 個   55 個   68 個   51 個   67 個   62 個   教科書 p.57〜58

☐(1)   60 個を基準として，60 個より多い場合は正の数で，少ない 場合は負の数で表すとき，次の表を完成させなさい。

曜日	日	月	火	水	木	金	土
ちがい(個)							

☐(2)   1 日あたりの販売個数の平均を求めなさい。

例題の答え **1** ①3 ②$2^3$ **2** ①＋4 ②－3 ③3 ④53

① 次の計算をしなさい。

☐(1)　$(-9) \times (-6)$　　　　☐(2)　$(-14) \times (+3)$　　　　☐(3)　$(+2.7) \times (-4)$

☐(4)　$(-12) \times 0.75$　　　　☐(5)　$35 \times \left(-\dfrac{5}{7}\right)$　　　　☐(6)　$\left(-\dfrac{3}{8}\right) \times \left(-\dfrac{4}{9}\right)$

☐(7)　$(-8)^2$　　　　☐(8)　$2 \times (-7^2)$　　　　☐(9)　$(-3)^2 \times (-1)^4$

② 次の計算をしなさい。

☐(1)　$(-32) \div (-8)$　　　　☐(2)　$(-120) \div (+15)$　　　　☐(3)　$10.8 \div (-1.8)$

☐(4)　$(-63) \div 81$　　　　☐(5)　$\left(-\dfrac{18}{25}\right) \div \left(-\dfrac{9}{10}\right)$　　　　☐(6)　$\dfrac{4}{5} \div (-20)$

③ 次の計算をしなさい。

☐(1)　$-5 \times 2.6 \times (-2)$　　　　　　　　☐(2)　$-6 \div (-3)^2 \times 15$

☐(3)　$\left(-\dfrac{4}{5}\right) \times \left(-\dfrac{1}{2}\right) \div \dfrac{8}{5}$　　　　　　　　☐(4)　$\left(-\dfrac{2}{3}\right) \div \left(-\dfrac{1}{4}\right) \times \dfrac{7}{8}$

④ 次の計算をしなさい。

☐(1)　$-15 + (-6) \times 4$　　　　　　　　☐(2)　$(-42) \div (-7) - 8 \times (-3)$

☐(3)　$-\dfrac{7}{4} \div \dfrac{3}{5} - \dfrac{2}{3} \times \left(-\dfrac{5}{8}\right)$　　　　　　　　☐(4)　$8 - 5 \times (-3) + (-12)$

☐(5)　$-7 - (3 - 8) \times 6$　　　　　　　　☐(6)　$\{36 - (-9)\} \div (-5)$

ヒント　**②③** 分数の除法や，乗法と除法の混じった式では，除法を乗法になおして計算するとよい。
　　　④ 計算する順序を確かめてから計算をはじめる。「＋」「－」の計算記号のあとの符号の変化に注意する。

●積や商は，結果の符号を先に決めてから求めよう。
絶対値の計算は，順序や組み合わせ，約分などのくふうをして手際よく正確に行うことが大切。
四則の混じった式は，計算の順序をしっかり見きわめることが大事だよ。指数の位置に注意。

定期テスト
予報

5 次の計算をしなさい。

□(1) $23+(-8)^2 \div (-4)$

□(2) $(-5)^2 \div \{-5^2 - (-15)\}$

□(3) $-2^2 \div \dfrac{1}{3} - (-3) \div \left(-\dfrac{1}{4}\right)$

□(4) $(-4)^2 \times \left(-\dfrac{3}{2}\right) - (-3) \div 0.6$

□(5) $-24 \times \left(\dfrac{3}{8} - \dfrac{5}{6}\right)$

□(6) $15 \times (-7) - 35 \times (-7)$

6 次の数を素因数分解しなさい。

□(1) 56

□(2) 275

□(3) 171

7 次の表は，ある 1 週間の正午の気温の変化を，前日の正午の気温とのちがいを調べてまとめたものです。ただし，前日より高い場合は正の数で，低い場合は負の数で表しています。

曜日	日	月	火	水	木	金	土
前日とのちがい(℃)	0	-1	-3	$+5$	-2	$+3$	-1

□(1) 正午の気温がもっとも高かったのは何曜日ですか。

□(2) 火曜日の正午の気温は 18 ℃ でした。日曜日と土曜日の正午の気温を求めなさい。

8 A さんたちの班の 6 人の身長を測ったら，次のようでした。
□　165 cm　　153 cm　　162 cm　　156 cm　　157 cm　　161 cm
基準とする値を適当に決めて，6 人の身長の平均を求めなさい。

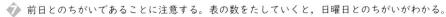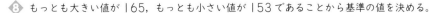
ヒント　7 前日とのちがいであることに注意する。表の数をたしていくと，日曜日とのちがいがわかる。
　　　　8 もっとも大きい値が 165，もっとも小さい値が 153 であることから基準の値を決める。

1章　正の数と負の数

❶ 下の数の中から，次の数を選びなさい。知

$$-0.7 \quad 0.4 \quad -2.5 \quad -3 \quad -\frac{2}{3} \quad \frac{5}{2} \quad -1$$

(1) もっとも小さい数　　　(2) 0にもっとも近い数

(3) 絶対値が等しい数　　　(4) 絶対値がもっとも大きい数

❶ 点／12点（各3点）

(1)

(2)

(3)

(4)

❷ 次の問いに答えなさい。知

(1) 「西へ3km進む」ことを「東」を使って表しなさい。

(2) 数直線上で，－2からの距離が7である数をすべて答えなさい。

(3) 絶対値が2より小さい整数をすべて答えなさい。

(4) －5より－3小さい数を答えなさい。

❷ 点／12点（各3点）

(1)

(2)

(3)

(4)

❸ 次の各組の数の大小を，不等号を使って表しなさい。知

(1) －4，－3.2　　　(2) 0.6，－0.2，－$\frac{3}{4}$

❸ 点／6点（各3点）

(1)

(2)

❹ 次の計算をしなさい。知

(1) －8＋12　　　(2) －3－（－11）

(3) 5.6－8.3　　　(4) －$\frac{3}{8}$－$\frac{5}{12}$

(5) －2.1－1.6－（－3.2）　　(6) $\frac{5}{6}$＋$\left(-\frac{2}{3}\right)$－$\frac{1}{2}$

❹ 点／24点（各4点）

(1)

(2)

(3)

(4)

(5)

(6)

成績評価の観点　知…数量や図形などについての知識・技能　考…数学的な思考・判断・表現

❺ 次の計算をしなさい。知

(1) $(-6)\times(-1.5)$

(2) $-7-6\times(-5)$

(3) $4\div(-8)-\left(-\dfrac{2}{3}\right)\times\dfrac{5}{8}$

(4) $-20\times\left(\dfrac{3}{4}-\dfrac{7}{10}\right)$

 (5) $\dfrac{8}{15}\div(-0.2)\times\dfrac{3}{4}$

 (6) $4^2-5\times\{(-1)^3-2^3\}$

❺ 点/24点（各4点）

(1)	
(2)	
(3)	
(4)	
(5)	
(6)	

1章 教科書15〜61ページ

❻ 次の数は，ある自然数の平方です。どのような自然数の平方であるか求めなさい。知

(1) 169

(2) 256

❻ 点/8点（各4点）

(1)	
(2)	

❼ 次の(1)，(2)は，いつでも正しいといえますか。いつでも正しいとはいえない場合は，正しくない例を1つあげなさい。考

(1) 負の数から負の数をひくと，答えは負の数になる。

(2) 自然数を自然数でわると，答えは自然数になる。

❼ 点/6点（各3点）

(1)	
(2)	

 **❽** 次の表は，ある1週間の正午の気温を，$20\,^\circ\mathrm{C}$ を基準としてまとめたものです。ただし，$20\,^\circ\mathrm{C}$ より高い場合は正の数で，低い場合は負の数で表しています。考

曜日	日	月	火	水	木	金	土
ちがい（℃）	+5	-1	0	+2	-2	-1	+4

(1) 正午の気温について，もっとも高い日ともっとも低い日の気温の差は何 $^\circ\mathrm{C}$ ですか。

(2) この1週間の正午の気温の平均を求めなさい。

❽ 点/8点（各4点）

(1)	
(2)	

知 ／86点　考 ／14点

教科書のまとめ 〈1章　正の数と負の数〉

●数の大小

正の数は負の数より大きい。

1　正の数は0より大きく，負の数は0より
　　小さい。

2　正の数は，その数の絶対値が大きいほど
　　大きい。

3　負の数は，その数の絶対値が大きいほど
　　小さい。

●正の数，負の数の加法

1　符号が同じ2つの数の和

　　　符　　号……共通の符号

　　　絶対値……2つの数の絶対値の和

2　符号が異なる2つの数の和

　　　符　　号……絶対値が大きい方の符号

　　　絶対値……絶対値が大きい方から

　　　　　　　　　小さい方をひいた差

絶対値が等しいとき，和は0になる。

●正の数，負の数の減法

ある数をひくことは，ひく数の符号を変えた
数をたすことと同じ。

●正の数，負の数の乗法と除法

1　同符号の2つの数の積・商

　　　符　　号……正の符号

　　　絶対値……2つの数の絶対値の積・商

2　異符号の2つの数の積・商

　　　符　　号……負の符号

　　　絶対値……2つの数の絶対値の積・商

●除法と乗法

積が1になる2つの数の一方を，他方の**逆数**
という。

ある数でわることは，その数の逆数をかける
ことと同じ。

●累乗

同じ数をいくつかかけ合わせたものを，その
数の**累乗**という。かけ合わせた数の個数を**指
数**といい，右かたに小さく書く。

●計算の順序

1　累乗のある式は，累乗を先に計算する。

2　乗法や除法は，加法や減法よりも先に計
　　算する。

3　かっこのある式は，かっこの中を先に計
　　算する。

(例)　$4 \times (-3) + 2 \times \{(-2)^2 - 1\}$

　　$= -12 + 2 \times (4 - 1)$

　　$= -12 + 6$

　　$= -6$

●素数

2，3，5，7のように，それよりも小さい
自然数の積の形には表すことのできない自然
数を**素数**という。ただし，1は素数にふくめ
ない。

●素因数分解

素数である約数を**素因数**といい，自然数を素
因数だけの積の形に表すことを，**素因数分解**
するという。

(例)　42を素因数分解すると，

　　$42 = 2 \times 3 \times 7$

2章　文字と式

□ **文字と式**　　　　　　　　　　　　　　　　◀ 小学6年

同じ値段のおかしを3個買います。

おかし1個の値段が50円のときの代金は，

$$50 \quad \times \quad 3 \quad = \quad 150 \quad で150円です。$$

おかし1個の値段を□，代金を△としたときの□と△の関係を表す式は，

| おかし1個の値段 | × | 個数 | = | 代金 | だから，

$$□ \quad \times \quad 3 \quad = \quad △ \quad と表されます。$$

さらに，□を x，△を y とすると，

$$x \quad \times \quad 3 \quad = \quad y \quad と表されます。$$

① 同じ値段のクッキー6枚と，200円のケーキを1個買います。　◀ 小学6年〈文字と式〉

(1)　クッキー1枚の値段が80円のときの代金を求めなさい。

ヒント

ことばの式に表して
考えると……

(2)　クッキー1枚の値段を x 円，代金を y 円として，x と y の関係を式に表しなさい。

(3)　x の値が90のときの y の値を求めなさい。

② 右の表で，ノート1冊の値段を x 円としたとき，次の式は何を表しているかを書きなさい。

(1)　$x \times 8$

・値段表・
ノート1冊……●円
鉛筆1本………40円
消しゴム1個…70円

◀ 小学6年〈文字と式〉

(2)　$x + 40$

(3)　$x \times 4 + 70$

ヒント

$x \times 4$ は，ノート4
冊の代金だから……

●文字を使った式　　　　　　　　　　　　　　　　　　　教科書 p.64〜67

例題 1　次の数量を文字式で表しなさい。　　　　▶▶**1**

(1)　1個 20 g のおもり x 個と，1個 10 g のおもり y 個の重さの合計

(2)　a 円の買い物をして，500 円を支払ったときのおつり

考え方　数量の関係をことばの式に表してから，数や文字をあてはめます。

(1)　$(20\,\text{g}) \times (個数) + (10\,\text{g}) \times (個数) = (重さの合計)$

(2)　$(500\,円) - (買い物の代金) = (おつり)$

答え　(1)　$\left(20 \times \boxed{①} + 10 \times \boxed{②}\right)$ g　　　(2)　$\left(500 - \boxed{③}\right)$ 円

●積の表し方　　　　　　　　　　　　　　　　　　　　教科書 p.68〜69

例題 2　次の式を，文字式の表し方にしたがって書きなさい。　　▶▶**2 3 5**

(1)　$a \times (-4)$　　　　　(2)　$b \times a \times 6$　　　　　(3)　$y \times y \times 9$

考え方　1　文字式では，乗法の記号 × をはぶきます。

2　文字と数の積では，数を文字の前に書きます。

3　同じ文字の積では，指数を使って書きます。

答え　(1)　$\underline{a \times (-4)} = \boxed{①}$　　　(2)　$\underline{b \times a \times 6} = \boxed{②}$

　　　　　　　数を文字の前に書く　　　　　　　　　　文字はアルファベットの順に表す

(3)　$\underline{y \times y \times 9} = \boxed{③}$

　　　　同じ文字の積は指数を使って書く

> $1 \times a$ は $1a$ とはしないで，a と書きます。$(-1) \times a$ は $-1a$ とはしないで，$-a$ と書きましょう。

●商の表し方　　　　　　　　　　　　　　　　　　　　教科書 p.69〜70

例題 3　次の式を，商の表し方の約束にしたがって表しなさい。　　▶▶**4 5**

(1)　$a \div 2$　　　　　(2)　$(2x - 5) \div 3$　　　　　(3)　$2 \times x \div 3$

考え方　除法の記号 ÷ は使わず，分数の形に書きます。

答え　(1)　$\underline{a \div 2} = \dfrac{\boxed{①}}{2}$　　　(2)　$\underline{(2x - 5) \div 3} = \dfrac{\boxed{②}}{3}$

　　　　　分数の形で表す　　　　　　　　　　　$(2x-5)$ を1つの文字のように考える

(3)　$\underline{2 \times x \div 3} = \boxed{③} \div 3$

　　　積を表してから，商を表す

　　　　　　$= \boxed{④}$

> **プラスワン**　分数の表し方
> ・$\dfrac{4}{-a}$ は $-\dfrac{4}{a}$ と書きます。
> ・$-\dfrac{x}{4}$ は $-\dfrac{1}{4}x$，$\dfrac{4x}{3}$ は $\dfrac{4}{3}x$ と書いてもかまいません。
> ・$\dfrac{2x}{y}$ は $2\dfrac{x}{y}$ とは書きません。

1 【文字を使った式】次の数量を，文字を使った式で表しなさい。

教科書 p.66 例 1

□(1) 1個350円のケーキを x 個買って，1000円出したときのおつり

□(2) a m のテープを6等分したときの1本のテープの長さ

● キーポイント
文字式は，数量の求め方を表しているとともに，求めた結果を表していると考えることができます。

2 【積の表し方】次の式を，文字式の表し方にしたがって書きなさい。

教科書 p.68 例 1，p.69 例 2

□(1) $a \times (-1)$

□(2) $x \times a \times (-6)$

□(3) $(a+b) \times 8$

□(4) $x \times x \times y \times x \times y$

⚠ ミスに注意
(1) $a \times (-1)$ は，$-1a$ と書かず，$-a$ と表します。

3 【積の表し方】次の式を，文字式の表し方にしたがって書きなさい。

教科書 p.69 例 2

□(1) $x \times (-2) + y \times 3 \times y$

□(2) $b \times a - a \times a \times a$

4 【商の表し方】次の式を，文字式の表し方にしたがって書きなさい。

教科書 p.69 例 3，p.70 例 4

□(1) $x \div 5$

□(2) $a \div (-6)$

□(3) $(a-b) \div 10$

□(4) $4 \times a \div 7$

□(5) $3 \div x \times y$

□(6) $8 \div a \div b$

⚠ ミスに注意
(2) $a \div (-6) = \dfrac{a}{-6}$
$= -\dfrac{a}{6}$
になります。

5 【いろいろな式の表し方】次の式を，記号×や÷を使って表しなさい。

教科書 p.70 問 7

□(1) $2ab^2$

□(2) $\dfrac{xy}{9}$

□(3) $\dfrac{a(x-y)}{4}$

例題の答え **1** ①x ②y ③a **2** ①$-4a$ ②$6ab$ ③$9y^2$ **3** ①a ②$2x-5$ ③$2x$ ④$\dfrac{2x}{3}\left(\dfrac{2}{3}x\right)$

2章 文字と式

1 文字と式
3 いろいろな数量の表し方／**4** 式の値

●いろいろな数量の表し方

教科書 p.71～73

例題 1 次の数量を文字式で表しなさい。 ▶▶**1**

(1) x m の道のりを 15 分間で歩くときの速さ

(2) 直径が 6 cm である円周の長さ

考え方 ことばの式に数や文字をあてはめます。

答え (1) （速さ）＝（道のり）÷（時間）

$x \div 15 = $ ①[　　　] より 分速 ②[　　　] m

(2) （円周の長さ）＝（直径）×（円周率）

③[　　　] $\times \pi = $ ④[　　　] cm

プラスワン 円周率

今まで，円周率はおよその数の 3.14 で考えていましたが，限りなく続く数を表す π という文字で表します。

$$（円周率\ \pi）= \frac{（円周）}{（直径）}$$

●式の値

教科書 p.74～75

例題 2 $a = 3$ のとき，次の式の値を求めなさい。
また，$a = -2$ のとき，次の式の値を求めなさい。 ▶▶**2**～**5**

(1) $9 - 2a$ (2) a^2

考え方 乗法の記号×を使った式に表して数を，負の数は（ ）をつけて代入します。

答え $a = 3$ のとき

(1) $9 - 2a = 9 - 2 \times a$
$= 9 - 2 \times 3$
$= 9 - $ ①[　　　]
$= $ ②[　　　]

(2) $a^2 = $ ③[　　]^2
$= $ ④[　　　]

$a = -2$ のとき

(1) $9 - 2a$
$= 9 - 2 \times ($⑤[　　]$)$
$= 9 - ($⑥[　　]$)$
$= $ ⑦[　　　]

(2) $a^2 = ($⑧[　　]$)^2$
$= $ ⑨[　　　]

●2種類の文字をふくむ式の値

教科書 p.75

例題 3 $x = 2$，$y = -6$ のとき，次の式の値を求めなさい。 ▶▶**6**

(1) $4x - 3y$ (2) $\dfrac{y}{x}$

考え方 x に 2，y に -6 を代入して計算します。

答え (1) $4x - 3y = 4 \times x - 3 \times y$
$= 4 \times $①[　　　]$ - 3 \times (-6)$
$= $②[　　　]$ - (-18)$
$= $③[　　　]

(2) $\dfrac{y}{x} = \dfrac{-6}{④[\quad]} = $⑤[　　　]

1 【いろいろな数量の表し方】次の数量を文字式で表しなさい。 教科書 p.71〜73

□(1) 1000 円札を出して，1 本 a 円のボールペンを 2 本買ったときのおつり

□(2) x g の 11 ％ の重さ

□(3) a km の道のりを，時速 4 km で進むときにかかった時間

□(4) 分速 x m で 35 分間歩いたときの道のり

□(5) 半径が 5 cm である円の面積

● **キーポイント**
ことばの式に数や文字をあてはめ，文字式の表し方にしたがって ×，÷ の記号をはぶきます。

2 【式の値】$a=2$ のとき，次の式の値を求めなさい。 教科書 p.75 問 2

□(1) $5a-3$ □(2) $-6a$ □(3) $13-4a$

⚠ **ミスに注意**
$-4a$ のまま a を 2 におきかえて，-42 としないようにします。

3 【式の値】$a=-3$ のとき，次の式の値を求めなさい。 教科書 p.75 問 2

□(1) $4a+7$ □(2) $-8a$ □(3) $6-5a$

4 【式の値】$x=-\dfrac{1}{3}$ のとき，次の式の値を求めなさい。 教科書 p.75 問 3

□(1) $12x$ □(2) $3x+2$ □(3) $5-9x$

5 【式の値】$x=4$ のとき，次の式の値を求めなさい。
また，$x=-5$ のときの式の値を求めなさい。 教科書 p.75 問 4

□(1) $-x$ □(2) x^2 □(3) x^3

6 【2 種類の文字をふくむ式の値】$x=3$，$y=-4$ のとき，次の式の値を求めなさい。

教科書 p.75 例 3

□(1) $2x+3y$ □(2) x^2-4y □(3) $3x-y^2$

例題の答え **1** ①$\dfrac{x}{15}$ ②$\dfrac{x}{15}$ ③6 ④6π **2** ①6 ②3 ③3 ④9 ⑤−2 ⑥−4 ⑦13 ⑧−2 ⑨4
3 ①2 ②8 ③26 ④2 ⑤−3

❶ 次の式を，文字式の表し方にしたがって書きなさい。

□(1)　$x \times (-0.1)$　　　　□(2)　$y \times x \times (-1) \times x$　　　　□(3)　$(a-b) \times (-3)$

□(4)　$a \div 4$　　　　□(5)　$x \div (-6)$　　　　□(6)　$(x+y) \div (-5)$

□(7)　$y \times x \div (-2)$　　　　□(8)　$x \div 5 \times y$　　　　□(9)　$a \div b \div 3$

□(10)　$2 \times x + y \times 5$　　　　□(11)　$x \times 3 - y \div 4$　　　　□(12)　$a \div (-3) + b \times 7$

❷ 次の式を，記号×や÷を使って表しなさい。

□(1)　$-5xy^2$　　　　□(2)　$\dfrac{3ab}{4}$　　　　□(3)　$\dfrac{a+8}{5}$　　　　□(4)　$5x - \dfrac{y}{2}$

よく出る ❸ 次の数量を文字式で表しなさい。

□(1)　200 L の水が入る空の水そうに，毎分 x L の割合で水を入れるとき，水そうがいっぱいになるまでの時間

□(2)　1000 m の道のりを行くのに，分速 80 m で x 分間歩いたときの残りの道のり

□(3)　500 円硬貨を出して，定価 a 円の商品を 2 割引きで買ったときのおつり

□(4)　x 円で仕入れた品物に，仕入れ値の 30 % の利益を見込んでつけたときの定価

ヒント　❶ (10)～(12)加法，減法の記号＋，－をはぶくことはできない。
　　　　❸ (4)定価は仕入れ値の 130 % になる。

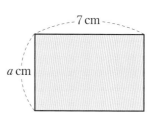

4 縦が a cm，横が 7 cm の長方形について，次の式はどのような数量を表しているか答えなさい。また，単位も答えなさい。

□(1) $2a+14$

□(2) $7a$

5 次の問いに答えなさい。

(1) $a=-6$ のとき，次の式の値を求めなさい。

□① $-a^2$ □② $(-a)^2$ □③ $-a^3$

(2) $x=\dfrac{1}{2}$ のとき，次の式の値を求めなさい。

□① $\dfrac{4}{x}$ □② $7-2x$ □③ $4x^2-2x+1$

(3) $a=-3$，$b=5$ のとき，次の式の値を求めなさい。

□① $4a+3b$ □② a^2+2a-3 □③ $2a^2-b^2$

6 右の図のように，1 辺に 4 個の碁石を並べて正方形をつくっていきます。

□(1) 正方形を 1 個，2 個，3 個，4 個つくるときに必要な碁石の個数をそれぞれ答えなさい。

□(2) 正方形を n 個つくるときに必要な碁石の個数を n の式で表しなさい。

□(3) 正方形を 50 個つくるときに必要な碁石の個数を求めなさい。

ヒント **5** (1)負の数は( )に入れて代入する。(2)①÷を使った式に表してから代入する。
6 正方形を1個増やすのに碁石が何個必要かを考える。

2章　文字と式
② 文字式の計算
① 1次式の加法，減法

● 項と係数

教科書 p.78〜79

例題 1 式 $2x-y+5$ の項と，文字をふくむ項の係数(けいすう)を答えなさい。 ▶▶**1**

考え方　加法の式で表すと，$2x+(-y)+5$ となります。

答え 項は ① [　　　] ，$-y$，5

　　　 x の係数は ② [　　　]　　　　 y の係数は ③ [　　　]

> **プラスワン** 　項，係数
>
> 加法の記号＋で結ばれた1つ1つを**項**，
> 文字をふくむ項の数の部分を**係数**といいます。
>
> $$3x-4=③x+(-4)$$
> （係数／項）

● 1次式のまとめ方

教科書 p.79〜81

例題 2 次の計算をしなさい。 ▶▶**2**

(1) $-2x+5x$ 　　　　　　　(2) $3x+5-8x+1$

考え方　文字の部分が同じ項，数の項にまとめます。

答え (1) 　$-2x+5x$

$$=\left(-2+①[\quad]\right)x$$

$$a x+b x=(a+b)x$$

$$=3x$$

ここがポイント

> 項を並べかえる
>
> 文字の項，数の項どうしを計算する

(2) 　$3x+5-8x+1$

$$=3x-8x+5+1$$

$$=-5x+②[\quad]$$

● 1次式の加法と減法

教科書 p.82

例題 3 次の計算をしなさい。 ▶▶**3 4**

(1) $(2x-4)+(5x-7)$ 　　　　(2) $(2x-4)-(5x-7)$

考え方　(2) ひく式のすべての項の符号を変えてかっこをはずします。

答え (1) 　$(2x-4)+(5x-7)$ 　（かっこをはずす）

$$=2x-4+5x-7$$

$$=2x+5x-4-7$$

$$=7x-①[\quad]$$

(2) 　$(2x-4)-(5x-7)$

$$=2x-4-5x+7$$

$$=2x-5x-4+7$$

$$=-3x+②[\quad]$$

> **プラスワン** 　計算のしかた
>
> 下のように計算しても
> かまいません。
>
> $$\begin{array}{r}3x+2\\ +)\ x-3\\ \hline 4x-1\end{array}\qquad\begin{array}{r}3x+2\\ -)\ x-3\\ \hline 2x+5\end{array}$$

1 【項と係数】次の式の項と，文字をふくむ項の係数を答えなさい。

□(1)　$3x-7$　　　　□(2)　$5+\dfrac{x}{4}$　　　　□(3)　$a-6b-2$

教科書 p.79 例 1

●キーポイント
加法だけの式になおします。

絶対理解 **2** 【1次式のまとめ方】次の計算をしなさい。

□(1)　$3x+6x$　　　　　　　□(2)　$5a-2a$

□(3)　$2x-x$　　　　　　　□(4)　$9x+8-4x+2$

□(5)　$\dfrac{1}{3}x+\dfrac{1}{4}x$　　　　　□(6)　$b-0.8b$

教科書 p.79〜81

●キーポイント
文字の部分が同じ項をまとめます。
$3x+2x=(3+2)x$
$\qquad\quad =5x$

2章

教科書78〜82ページ

---

3 【1次式の加法】次の計算をしなさい。

□(1)　$(4x+3)+(3x+5)$　　　□(2)　$(7a+3)+(2a-8)$

□(3)　$(x+7)+(-5x-4)$　　　□(4)　$(-3x+5)+(2x-5)$

□(5)　$(6x-9)+(-6x+7)$　　　□(6)　$(4+5y)+(-2y+6)$

教科書 p.82 例 4

絶対理解 **よく出る** **4** 【1次式の減法】次の計算をしなさい。

□(1)　$(6a+2)-(2a+5)$　　　□(2)　$(x-8)-(5x-1)$

□(3)　$(4a+3)-(a-7)$　　　□(4)　$(-2a+9)-(-3a+8)$

□(5)　$(-8y+5)-(-8y+6)$　　□(6)　$(2+3a)-(4-6a)$

教科書 p.82 例 5

⚠ミスに注意
ひく式のかっこをはずすときには，かっこ内のすべての項の符号を変えます。
$-(a+b)=-a-b$
$-(a-b)=-a+b$

例題の答え **1** ①$2x$　②2　③-1　**2** ①5　②6　**3** ①11　②3

解答▶▶ p.12〜13　　41

● 1次式と数の乗法，除法 教科書 p.83〜85

例題 1 次の計算をしなさい。 ▶▶**1**〜**3**

(1) $4x \times (-2)$ (2) $3(2x-5)$

(3) $10a \div \left(-\dfrac{2}{5}\right)$ (4) $(12x-8) \div 4$

(5) $\dfrac{2x-1}{3} \times 6$

考え方 (2) 分配法則を使ってかっこをはずします。

(3)・(4) わる数を逆数にして，乗法になおして計算します。

(5) 約分してから，分配法則を使います。

答え (1) $4x \times (-2) = \underline{4 \times x \times (-2) = 4 \times (-2) \times x} = \boxed{①}$
交換法則

(2) $3(2x-5) = 3 \times 2x + 3 \times \left(\boxed{②}\right) = \boxed{③}$

かっこのない式に
することを，
かっこをはずすと
いいます。

(3) $10a \div \left(-\dfrac{2}{5}\right) = 10 \times a \times \left(\boxed{④}\right)$

$= 10 \times \left(-\dfrac{5}{2}\right) \times a = \boxed{⑤}$

プラスワン 分数の形の式と
数の乗法

$\dfrac{3x+5}{2} \times 8$

$= \dfrac{(3x+5) \times \overset{4}{8}}{\underset{1}{2}}$ ←約分

$= (3x+5) \times 4$

(4) $(12x-8) \div 4 = (12x-8) \times \boxed{⑥}$

$= 12x \times \dfrac{1}{4} - 8 \times \dfrac{1}{4} = \boxed{⑦}$

(5) $\dfrac{2x-1}{3} \times 6 = (2x-1) \times \boxed{⑧}$

$= \boxed{⑨}$

● いろいろな1次式の計算 教科書 p.85

例題 2 $2(x-3) - 3(2x-5)$ を計算しなさい。 ▶▶**4**

考え方 かっこをはずして計算します。

答え $2(x-3) - 3(2x-5)$

$= 2 \times x + 2 \times (-3) - 3 \times 2x - 3 \times \left(\boxed{①}\right)$ 分配法則を使って，
かっこのない式にする

$= 2x - 6 - 6x + 15$

$= 2x - 6x - 6 + 15$

$= -4x + \boxed{②}$

1 【1次式と数の乗法】次の計算をしなさい。

教科書 p.83 例 1, p.84 例 3

□(1)　$3x \times 5$　　　□(2)　$4a \times (-7)$　　　□(3)　$(-6x) \times \left(-\dfrac{1}{2}\right)$

□(4)　$2(4a-3)$　　　□(5)　$-(7x-2)$　　　□(6)　$-\dfrac{1}{6}(2x-12)$

2 【1次式と数の除法】次の計算をしなさい。

教科書 p.83 例 2, p.84 例 4

□(1)　$20a \div 4$　　　□(2)　$-24a \div (-8)$　　　□(3)　$12x \div \left(-\dfrac{3}{4}\right)$

□(4)　$(10x+5) \div 5$　　□(5)　$(9x-12) \div (-3)$　□(6)　$(2x-7) \div \dfrac{1}{10}$

●キーポイント
・$a \div b = a \times \dfrac{1}{b}$
・$(a+b) \div c$
$= (a+b) \times \dfrac{1}{c}$
・$a \div b = \dfrac{a}{b}$
・$(a+b) \div c$
$= \dfrac{a}{c} + \dfrac{b}{c}$

3 【分数の形の式と数の乗法】次の計算をしなさい。

教科書 p.85 例 5

□(1)　$\dfrac{3x+1}{5} \times 20$　　　　□(2)　$-15 \times \dfrac{2a+5}{3}$

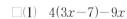

4 【いろいろな1次式の計算】次の計算をしなさい。

教科書 p.85 例 6

□(1)　$4(3x-7)-9x$　　　□(2)　$3(x+2)+5(x-3)$

⚠ミスに注意
かっこの前が−のとき，かっこをはずすと符号が変わることに注意します。

□(3)　$2(4x-3)-3(2x-5)$　　□(4)　$7(a-4)-4(6a-9)$

□(5)　$-(a-8)+6(a-3)$　　□(6)　$-5(x-3)-(-6x+7)$

例題の答え **1** ①$-8x$　②-5　③$6x-15$　④$-\dfrac{5}{2}$　⑤$-25a$　⑥$\dfrac{1}{4}$　⑦$3x-2$　⑧$2$　⑨$4x-2$　**2** ①-5　②$9$

● 文字式の表す数量

教科書 p.87～88

例題 1

美術館の入館料は，大人1人が a 円，子ども1人が b 円である。
このとき，$(2a+3b)$ 円はどんな数量を表していますか。 ▶▶ 1

答え $2a$ 円は大人2人の入館料，$3b$ 円は子ども ⬚ 人の入館料を表しているから，
  └ $2 \times a = a \times 2$ └ $3 \times b = b \times 3$

$(2a+3b)$ 円は，大人2人と子ども3人の入館料の合計を表しています。

● 等しい関係を表す式

教科書 p.89～91

例題 2

1000円持って買い物に行き，1個が x 円の品物を3個買ったら y 円残りました。
このとき，数量の関係を等式で表しなさい。 ▶▶ 2

考え方 残りの金額は $\{1000-(代金)\}$ 円です。

答え 品物3個の代金は $\boxed{①}$ 円です。

残りの金額について，等式で表すと

$y = \boxed{②}$

┌──┐
│ **プラスワン** **等式**
│
│ 数量が等しいという関係を，等号＝を使って表した式を**等式**といいます。　　$4x+y=50$
│ 等式において，等号＝の左側の式を**左辺**，右側の式を**右辺**といい，　　　　└左辺┘└右辺┘
│ 左辺と右辺を合わせて**両辺**といいます。　　　　　　　　　　　　　　　　　　　　└両辺┘
└──┘

● 大小関係を表す式

教科書 p.90

例題 3

1冊 x 円のノート4冊と，1本 y 円の鉛筆5本を買ったら，代金の合計が700円以
上になりました。このとき，数量の関係を不等式で表しなさい。 ▶▶ 3

考え方 700円以上であるから，不等号は ≧，または ≦ を使います。

答え 代金の合計は $\left(4x+\boxed{①}\right)$ 円です。

不等式で表すと

$4x+5y \boxed{②} 700$

1 【文字式の表す数量】あるお店で，1本100円の鉛筆を a 本と1本150円のペンを b 本買いました。このとき，次の式はどんな数量を表していますか。また，式が表す数量の単位を書きなさい。

教科書 p.87 問 2

□(1) $a+b$ □(2) $100a+150b$

2 【関係を表す式】次の数量の関係を等式で表しなさい。

教科書 p.89 例 1, p.91 例 3

□(1) 1枚50円の画用紙 a 枚と，1枚80円の色画用紙 b 枚を買うと，代金の合計は700円である。

□(2) 1500 m の道のりを分速60 m で x 分間歩くと，残りの道のりは y m であった。

□(3) 2回のテストの得点が70点と a 点であったとき，平均点は b 点である。

3 【関係を表す式】次の数量の関係を不等式で表しなさい。

教科書 p.90 例 2

□(1) x は4より小さい。 □(2) y は -5 より大きい。

●キーポイント
・$a>b$
　（a は b より大きい）
・$a<b$（a は b 未満）
・$a \geqq b$（a は b 以上）
・$a \leqq b$（a は b 以下）

□(3) 1枚 a g の紙6枚を b g の封筒に入れると，全体の重さは25 g より軽かった。

□(4) 1個 x g の乾電池3個と，1個 y g の乾電池5個の重さの合計は400 g 以上である。

□(5) 1冊 a 円のノート2冊と，1本 b 円の鉛筆3本を500円で買うことができた。

2 章

教科書 87 ～ 91 ページ

例題の答え **1** 3 **2** ①$3x$ ②$1000-3x$ **3** ①$5y$ ②$\geqq$

① 次の計算をしなさい。

□(1)　$3x - 9x$

□(2)　$4a + 2a - 5a$

□(3)　$-\dfrac{1}{2}a + \dfrac{5}{12}a$

□(4)　$2x - 3 + 3x + 1$

□(5)　$7 - 4a + 2 - 3a$

□(6)　$\dfrac{1}{3}a + 4 - \dfrac{1}{4}a - 3$

□(7)　$(2a - 5) + (8 - 7a)$

□(8)　$-6x - (5x - 9)$

□(9)　$(3a - 8) - (-1 - 6a)$

② 次の2つの式をたしなさい。また，左の式から右の式をひきなさい。

□(1)　$9x - 5,\ -4x + 7$

□(2)　$4 - 3a,\ 3a + 4$

 ③ 次の計算をしなさい。

□(1)　$2 \times (-5x)$

□(2)　$7a \times (-3)$

□(3)　$3(9a + 1)$

□(4)　$\dfrac{2}{3}(6x - 12)$

□(5)　$\dfrac{2x - 5}{3} \times (-6)$

□(6)　$-18 \times \dfrac{x - 3}{2}$

④ 次の計算をしなさい。

□(1)　$8x \div 4$

□(2)　$9a \div (-6)$

□(3)　$35x \div \left(-\dfrac{7}{4}\right)$

□(4)　$(24x - 40) \div 8$

□(5)　$(3x - 5) \div \left(-\dfrac{1}{4}\right)$

□(6)　$(12a - 30) \div \dfrac{6}{5}$

ヒント　② それぞれの式をかっこに入れて，加法の記号＋と減法の記号－でつなぐ。
　　　　④ 分数でわる除法では，逆数をかける計算になおす。

●分配法則などを使ってかっこをはずす計算をマスターしよう。
符号の変化をミスしやすい単元なので，一つ一つの計算をていねいに行おう。かっこの前に
ーがあったら要注意！　数量の関係は，等しい数量をもとに考えるといいよ。

 次の計算をしなさい。

□(1)　$2(4a-9)+5(2a+6)$

□(2)　$4(8-3a)+3(2+3a)$

□(3)　$8(3x-4)-7(4x-5)$

□(4)　$-6(3y-2)-9(2y+3)$

□(5)　$\dfrac{5}{6}(18x-30)-\dfrac{1}{8}(56x-32)$

□(6)　$3(2a-5)+\dfrac{1}{9}(18a-45)$

6　1辺が a cm の正方形の周の長さを ℓ cm，面積を S cm² とするとき，ℓ，S をそれぞれ a
□　を使って表しなさい。

7　次の数量の関係を等式または不等式で表しなさい。

□(1)　x 枚の画用紙を y 人の子どもに 3 枚ずつ配ろうとしたら，4 枚足りなかった。

□(2)　兄の体重が a kg，弟の体重が b kg のとき，2 人の体重の平均は 45 kg 以上である。

□(3)　長さ a cm のテープから b cm のテープを 8 本切り取ったところ，テープが 90 cm 残った。

□(4)　1 本 a 円の鉛筆 4 本と，1 冊 b 円のノート 2 冊を 1000 円で買うことができた。

□(5)　a km の道のりを進むのに，最初の x km を時速 4 km で歩き，残りの道のりを時速 5 km で歩くと，所要時間は 3 時間以下である。

ヒント　 分配法則を使ってかっこをはずす。符号の変化に注意する。
　　　　7 (2)，(4)，(5)は不等式になる。不等号の種類と向きに注意する。

2章　文字と式

時間 30分 ／100点　合格 70点

① 次の式を，文字式の表し方にしたがって書きなさい。知

(1)　$x \times x \times (-2) \times y$　　　(2)　$(x+3) \div y$

(3)　$a \div b \times (-3)$　　　(4)　$x \times (-1) + y \times 0.1$

① 点/16点（各4点）

(1)	
(2)	
(3)	
(4)	

② 次の数量を文字式で表しなさい。知

(1)　1000円を出して，1個 x 円のプリンを4個，1本 y 円のジュースを3本買ったときのおつり

(2)　分速 a m で15分間歩き，さらに分速 b m で20分間歩いたときに進んだ道のり

(3)　700円の x 割引きで売るときの値段

(4)　半径 r cm の円の面積

② 点/16点（各4点）

(1)	
(2)	
(3)	
(4)	

③ $a=-6$，$b=2$ のとき，次の式の値を求めなさい。知

(1)　$5a+8b$　　　(2)　a^2-2b^2

③ 点/8点（各4点）

(1)	
(2)	

④ 次の計算をしなさい。知

(1)　$(4a-3)+(2-5a)$　　　(2)　$(7x-4)-(5x-9)$

(3)　$(12a-4) \div \left(-\dfrac{4}{5}\right)$　　　(4)　$\dfrac{-3a+2}{7} \times (-14)$

④ 点/16点（各4点）

(1)	
(2)	
(3)	
(4)	

　成績評価の観点　知…数量や図形などについての知識・技能　考…数学的な思考・判断・表現

5 次の計算をしなさい。知

(1) $2(4a+3)+7(a-2)$

(2) $3(4x+5)-6(2x+3)$

(3) $2(3x-4)-\dfrac{1}{3}(15x-9)$

(4) $\dfrac{3x-4}{5}-\dfrac{2x-5}{3}$

5 点/16点(各4点)

(1)	
(2)	
(3)	
(4)	

6 $A=2x-1$，$B=-3x+4$ とするとき，次の式を計算しなさい。知

(1) $A+2B$

(2) $-3A+4B$

(3) $2(A-4)-3(B-5)$

6 点/12点(各4点)

(1)	
(2)	
(3)	

7 次の数量の関係を等式または不等式で表しなさい。考

(1) 駅まで2000 mの道のりを，分速 a mの自転車で走って行くと，分速 b mで歩いて行くより 15 分速く着く。

(2) 兄が毎月 200 円，弟が毎月 x 円ずつ貯金し，その貯金を出しあうことにしたところ，5か月で y 円の品物を買うことができた。

7 点/8点(各4点)

(1)	
(2)	

8 右の図のように，○と×を，

　○，×，×，×，○，×，×，×，……

の順に，1行目の A 列から E 列へ，2行目の A 列から E 列へ，……と並べていきます。考

(1) 7 行目の D 列に並ぶ記号は何ですか。

(2) n 行目の B 列が○になるとき，n 行目の E 列までに，○は全部で何個並びますか。

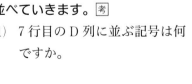

8 点/8点(各4点)

(1)	
(2)	

●文字式の表し方

・積の表し方

① 乗法の記号×をはぶく。

② 文字と数の積は，数を文字の前に書く。

③ 同じ文字の積は，指数を使って書く。

(例) $(-2)\times x=-2x$

$a\times6+b\times b=6a+b^2$

・商の表し方

・除法の記号÷は使わず，分数の形に書く。

(例) $x\div(-7)=\dfrac{x}{-7}=-\dfrac{x}{7}$

●計算法則

・交換法則 $a+b=b+a,\ ab=ba$

・結合法則 $(a+b)+c=a+(b+c)$

$(ab)c=a(bc)$

・分配法則 $a(b+c)=ab+ac$

$(a+b)c=ac+bc$

●式の値

・式の中の文字を数におきかえることを，文字にその数を**代入する**という。

・代入して得られた結果を，そのときの**式の値**という。

(例) $x=-3$ のとき，$2x+1$ の値は，

$$2x+1=2\times(-3)+1$$
$$=-6+1$$
$$=-5$$

●1次式の加法と減法

同じ文字の項どうしを1つにまとめ，数の項どうしを計算する。

(例) $(8x-4)+(6x-1)=8x-4+6x-1$

$$=8x+6x-4-1$$
$$=14x-5$$

$(8x-4)-(6x-1)=8x-4-6x+1$

$$=8x-6x-4+1$$
$$=2x-3$$

●1次式と数の乗法，除法

・乗法 分配法則を使って計算する。

(例) $2(x-3)=2\times x+2\times(-3)=2x-6$

・除法 乗法になおし，分配法則を使って計算する。

(例) $(4x-8)\div(-4)=(4x-8)\times\left(-\dfrac{1}{4}\right)$

$$=4x\times\left(-\dfrac{1}{4}\right)-8\times\left(-\dfrac{1}{4}\right)$$
$$=-x+2$$

●等式

数量が等しいという関係を，等号＝を使って表した式を**等式**という。

(例) 12kmの道のりを時速4kmで x 時間歩くと，残りが y km であった。

残りの道のりについて，等式で表すと

$$y=12-4x$$

また，全体の道のりについて，等式で表すと

$$4x+y=12$$

●不等式

数量の大小関係を，不等号を使って表した式を**不等式**という。

(例) 1個 x gのボール3個を y gの箱に入れると，全体の重さが200gより軽かったとき

$$3x+y<200$$

□**速さ・道のり・時間**　◀ 小学5年

速さ，道のり，時間について，次の関係が成り立ちます。

　　速さ＝道のり÷時間

　　道のり＝速さ×時間

　　時間＝道のり÷速さ

□**比の値**（あたい）　◀ 小学6年

$a:b$ で表される比で，a が b の何倍になっているかを表す数を比の値といいます。

1 次の速さや道のり，時間を求めなさい。　◀ 小学5年〈速さ〉

(1)　400 m を5分で歩いた人の分速

(2)　時速 60 km の自動車が1時間20分で進む道のり

(3)　秒速 75 m の新幹線が 54 km 進むのにかかる時間

ヒント
単位をそろえて考え
ると……

2 次の比の値を求めなさい。　◀ 小学6年〈比と比の値〉

(1)　2 : 5　　　　　(2)　4 : 2.5　　　　　(3)　$\dfrac{2}{3} : \dfrac{4}{5}$

ヒント
$a:b$ の比の値は，a
が b の何倍になって
いるかを考えて……

3 A さんのクラスは，男子が 17 人，女子が 19 人です。　◀ 小学6年〈比と比の値〉

(1)　男子の人数と女子の人数の比を書きなさい。

(2)　クラス全体の人数と女子の人数の比を書きなさい。

ヒント
クラス全体の人数は，
男子と女子の合計人
数だから……

●方程式とその解

教科書 p.98〜99

☐ 例題**1** -2，-1，0，1，2 のうち，方程式 $3x-4=-1$ の解になるものを求めなさい。

▶▶**12**

考え方 方程式の左辺の式の値が -1 になるものを求めます。

答え 左辺の x に各値を代入すると，$3x-4$ の値は次のようになります。

x	-2	-1	0	1	2
$3x-4$	-10	-7	-4	①	②

よって，③ ☐ は方程式 $3x-4=-1$ の解です。

プラスワン **方程式，解**

方程式…x の値によって成り立ったり成り立たなかったり
する等式を，x についての方程式といいます。
解…方程式を成り立たせる文字の値を，その方程式の解と
いいます。

方程式の解を求めることを
その方程式を解くと
いいます。

●等式の性質

教科書 p.100〜103

☐ 例題**2** 次の方程式を解きなさい。

▶▶**3**〜**5**

(1) $x-6=3$　　　　　(2) $6x=42$

考え方 等式の性質を使って，左辺を x だけ，右辺を数だけの式にします。

答え (1) 　　　$x-6=3$

両辺に 6 をたすと，　　　　$A=B$ ならば $A+C=B+C$

$x-6+6=3+$① ☐

$x=$② ☐

(2) 　　　　$6x=42$

両辺を 6 をわると，　　　　$A=B$ ならば $\dfrac{A}{C}=\dfrac{B}{C}$ $(c\neq0)$

$\dfrac{6x}{\boxed{③}}=\dfrac{42}{\boxed{③}}$

$x=$④ ☐

(2)は，左辺の x の係数を 1 に
すると考えます。

1 【方程式とその解】 -2, -1, 0, 1, 2 のうち，次の方程式の解になるものを求めなさい。

教科書 p.99 例 1, 問 1

□(1) $5x-4=6$　　　　□(2) $-2x+3=3x+8$

●キーポイント
負の数を代入するとき
は，（　）をつけて計算
します。

2 【方程式とその解】 次の方程式のうち，3 が解であるものをすべて選びなさい。
□

教科書 p.99 例 1, 問 1

⑦ $x+3=0$　　　　④ $\dfrac{1}{3}x-1=0$

⑦ $4x-5=8$　　　　㋑ $2x+7=5x-2$

3 【等式の性質】 次の方程式を解きなさい。

教科書 p.102 例 2, 例 3

□(1) $x-7=6$　　　　□(2) $x-5=-9$

●キーポイント
・$A=B$ ならば
　$A+C=B+C$
・$A=B$ ならば
　$A-C=B-C$

□(3) $x+4=-5$　　　　□(4) $9+x=3$

4 【等式の性質】 次の方程式を解きなさい。

教科書 p.103 例 4, 例 5

□(1) $\dfrac{x}{7}=-2$　　　　□(2) $-\dfrac{x}{2}=10$

●キーポイント
・$A=B$ ならば
　$AC=BC$
・$A=B$ ならば
　$\dfrac{A}{C}=\dfrac{B}{C}(C\neq 0)$

□(3) $-8x=16$　　　　□(4) $-6x=-42$

5 【等式の性質】 次の方程式を解きなさい。

教科書 p.103 問 6

□(1) $6+x=-8$　　　　□(2) $-\dfrac{x}{3}=-6$

□(3) $7x=-56$　　　　□(4) $-\dfrac{3}{2}x=6$

例題の答え **1** ①-1　②$2$　③$1$　**2** ①$6$　②$9$　③$6$　④$7$

●移項を利用した方程式の解き方

教科書 p.104〜106

例題 1 次の方程式を解きなさい。　　　　　　　　　　　▶▶ **1** **2**

(1)　$x+13=-8$　　　　　　　　(2)　$8x=5x+9$

(3)　$3x-25=-2x$　　　　　　　(4)　$4x-3=6x+1$

考え方　x をふくむ項を左辺に，数の項を右辺に移項します。

答え　(1)　$x+13=-8$

　　　　　　┌①　　　　┐を移項すると，　　　① 数の項は右辺に移項する

　　　　　　$x=-8-13$

　　　　　　$x=$ ②　　　　　　　　　　　② $ax=b$ の形にする

左辺を x をふくむ項だけ，右辺を数の項だけにします。

(2)　　　　$8x=5x+9$

　　　　　　┌③　　　　┐を移項すると，　　　① 文字の項は左辺に移項する

$$8x=5x+9$$
$$8x-5x=9$$

　　　　　　$8x-5x=9$

　　　　　　$3x=9$　　　　　　　　　　② $ax=b$ の形にする

　　　　　　　　　　　　　　　　　　　　③ 両辺を x の係数でわる

　　　　　　$x=$ ④

(3)　$3x-25=-2x$

　　　$-2x,$ ⑤　　　　　を移項すると，　　┌ ① 文字の項は左辺に，
　　　　　　　　　　　　　　　　　　　　　　│　　数の項は右辺に移項する

　　　$3x+2x=$ ⑥　　　　　　　　　　│ ② $ax=b$ の形にする

　　　$5x=25$　　　　　　　　　　　│ ③ 両辺を x の係数でわる

　　　　　$x=$ ⑦

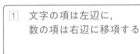

ここがポイント

(4)　　$4x-3=6x+1$

　　　┌⑧　　　　┐，-3 を移項すると，

　　　$4x-6x=1+$ ⑨

　　　　　$-2x=4$

　　　　　　$x=$ ⑩

プラスワン　**移項**

等式の一方の辺にある項を，その符号を変えて
他方の辺に移すことを**移項する**といいます。

$x\,\underbracket{-3}=\underbracket{-2x}+6$
$x+2x=6+3$

1 【移項を利用した方程式の解き方】次の方程式を解きなさい。

教科書 p.105 例 1,2

□(1) $5+x=-2$

□(2) $x-\dfrac{3}{4}=\dfrac{5}{4}$

●キーポイント
移項して，左辺を文字
をふくむ項だけ，右辺
を数の項だけにします。
移項するときは，項の
符号が変わります。

□(3) $4x+3=15$

□(4) $6x-5=-17$

□(5) $5x=3x+10$

□(6) $x=-2x-18$

2 【移項を利用した方程式の解き方】次の方程式を解きなさい。

教科書 p.106 例 3

□(1) $5x+2=2x+17$

□(2) $6x-5=7x+3$

□(3) $-3x+5=4x-9$

□(4) $30-8x=3+x$

□(5) $4-3x=-2x$

□(6) $8-12x=-7x+8$

例題の答え **1** ①13 ②-21 ③$5x$ ④3 ⑤-25 ⑥25 ⑦5 ⑧$6x$ ⑨3 ⑩-2

● かっこのある 1 次方程式 教科書 p.107

例題 **1** 方程式 $4x - 15 = -3(x-2)$ を解きなさい。 ▶▶**1**

考え方 かっこをはずしてから解きます。

ここがポイント

答え
$$4x - 15 = -3(x-2)$$

| かっこをはずす |

$-3(x-2) = -3x + 6$

$$4x - 15 = -3x + \boxed{①}$$

$-3x$, -15 を移項する

$$4x + 3x = 6 + 15$$

$$7x = 21$$

両辺を 7 でわる

$$x = \boxed{②}$$

● 係数に小数をふくむ 1 次方程式 教科書 p.108〜109

例題 **2** 方程式 $1.8x = 0.4x - 4.2$ を解きなさい。 ▶▶**2**

考え方 両辺に 10 や 100 などをかけて，係数を整数にしてから解きます。

答え
$$1.8x = 0.4x - 4.2$$

両辺に 10 をかけて，係数を整数にする

$$1.8x \times 10 = (0.4x - 4.2) \times \boxed{①}$$

かっこをはずす　　ここがポイント

$$18x = 4x - 42$$

$4x$ を移項する

$$18x - 4x = -42$$

$$14x = -42$$

両辺を 14 でわる

$$x = \boxed{②}$$

● 係数に分数をふくむ 1 次方程式 教科書 p.108〜109

例題 **3** 方程式 $\dfrac{2}{3}x - 2 = \dfrac{1}{2}x$ を解きなさい。 ▶▶**3**

考え方 両辺に分母の公倍数をかけて，係数を整数にしてから解きます。

答え
$$\dfrac{2}{3}x - 2 = \dfrac{1}{2}x$$

$$\left(\dfrac{2}{3}x - 2\right) \times 6 = \dfrac{1}{2}x \times \boxed{①}$$

両辺に 3 と 2 の公倍数の 6 をかけて，係数を整数にする　ここがポイント

かっこをはずす

$$4x - 12 = 3x$$

$3x$, -12 を移項する

$$4x - 3x = 12$$

$$x = \boxed{②}$$

1 【かっこのある 1 次方程式】次の方程式を解きなさい。

教科書 p.107 例 4

□(1)　$3(2x-3)=2x+11$　　　□(2)　$7x-2(x+3)=4$

●キーポイント
かっこをはずす。
▼
移項して，文字の項ど
うし，数の項どうしを
集める。
▼
$ax=b$ の形に整理する。
▼
両辺 x の係数でわる。

2 【係数に小数をふくむ 1 次方程式】次の方程式を解きなさい。

教科書 p.108 例 5

□(1)　$0.7x-1.2=1.6$　　　□(2)　$0.5x-0.6=1.3x+5$

●キーポイント
両辺に 10 や 100 な
どをかけて，係数を整
数にします。
(3)(4)　100 をかけます。

□(3)　$3.76x=0.8+3.6x$　　　□(4)　$1.74x-0.4=1.8x-1$

3 【係数に分数をふくむ 1 次方程式】次の方程式を解きなさい。

教科書 p.108 例 6

□(1)　$\dfrac{1}{2}x+2=\dfrac{1}{10}x$　　　□(2)　$\dfrac{x}{3}=\dfrac{3}{5}x+4$

●キーポイント
分母の公倍数を両辺に
かけて，係数を整数に
します。
(3)は，両辺に 12 をか
けると，左辺は，
$\dfrac{x-1}{\cancel{4}}\times\cancel{12}^{\,3}=(x-1)\times3$
になります。
分数をふくまない式に
変形することを分母を
はらうといいます。

□(3)　$\dfrac{x-1}{4}=\dfrac{2x+3}{12}$　　　□(4)　$\dfrac{11}{18}x-1=\dfrac{1}{6}x+\dfrac{1}{3}$

例題の答え **1** ①6　②3　**2** ①10　②−3　**3** ①6　②12

●比例式

教科書 p.110～111

☐ | 例題 **1**

次の比例式について，x の値を求めなさい。　　　　▶▶**1**

(1) $x : 8 = 3 : 4$　　　　　　(2) $5 : 2 = x : 6$

考え方 ┃ 比が等しいとき，比の値も等しくなります。

答え ▶ (1) 比の値が等しいから　　　　$\dfrac{x}{8} = \boxed{①}$

両辺に $\boxed{②}$ をかけて　$x = \boxed{③}$

(2) 比の値が等しいから　　　　$\dfrac{5}{2} = \dfrac{x}{6}$

両辺を入れかえると　　　　$\dfrac{x}{6} = \dfrac{5}{2}$

両辺に $\boxed{④}$ をかけて　$x = \boxed{⑤}$

> **プラスワン** 比例式
>
> 比 $a : b$ と $c : d$ が等しいこと
> を表す式 $a : b = c : d$ を<u>比例式</u>
> といいます。

●比例式の性質

☐ | 例題 **2**

比例式について，x の値を求めなさい。　　　　▶▶**2 3**

(1) $15 : 10 = 6 : x$　　　　　　(2) $(x+3) : 12 = 4 : 3$

考え方 ┃ 外側の項の積と内側の項の積は等しくなります。

答え ▶ (1) $15 \times x = 10 \times \boxed{①}$

$x = \boxed{②}$

(2) $(x+3) \times \boxed{③} = 12 \times 4$

$3x + 9 = \boxed{④}$

$x = \boxed{⑤}$

分配法則を使って
かっこをはずします。

$(x+3) \times 3$

> **プラスワン** 計算のくふう
>
> $25 : 20 = 10 : x$
> $25x = 20 \times 10$
> $x = \dfrac{\overset{4}{20} \times \overset{2}{10}}{\underset{1}{\underset{5}{25}}}$
> $x = 8$

1 【比例式】次の比例式について，比の値が等しいことを使って x の値を求めなさい。

教科書 p.110 例 1

□(1)　$x : 20 = 3 : 5$　　　　□(2)　$x : 35 = 2 : 7$

●キーポイント
1　$a : b = c : d$
2　$\dfrac{a}{b} = \dfrac{c}{d}$

□(3)　$8 : 3 = x : 12$　　　　□(4)　$4 : 9 = x : 45$

1と2は同じことを表しています。

2 【比例式の性質】次の比例式について，比例式の性質を利用して x の値を求めなさい。

教科書 p.111 問 1

□(1)　$x : 16 = 3 : 4$　　　　□(2)　$2 : 5 = 6 : x$

●キーポイント
$a : b = c : d$ のとき
$ad = bc$

□(3)　$12 : x = 8 : 14$　　　　□(4)　$16 : 14 = x : 35$

□(5)　$14 : 3x = 7 : 3$　　　　□(6)　$4 : 5 = 2x : 15$

3 章

教科書 110〜111 ページ

3 【比例式の性質】次の比例式について，x の値を求めなさい。

教科書 p.111 例 2

□(1)　$(x + 5) : 4 = 3 : 1$　　　□(2)　$5 : 2 = 25 : (x - 4)$

□(3)　$2 : (x - 2) = 8 : 28$　　　□(4)　$12 : 9 = (x + 7) : 6$

□(5)　$x : 6 = (x + 10) : 18$　　　□(6)　$3 : x = 12 : (x + 6)$

例題の答え **1** ① $\dfrac{3}{4}$　②8　③6　④6　⑤15　**2** ①6　②4　③3　④48　⑤13

1 1次方程式 1 ～ 4

① 次の方程式のうち，-4 が解であるものをすべて選びなさい。

□ ⑦ $x+4=0$　　　　　　　　⑦ $\dfrac{1}{4}x=1$

　⑦ $3x+5=7$　　　　　　　　㋑ $2x+9=-2x-7$

② 次の方程式を解きなさい。

□(1) $x-8=5$　　　　　　　□(2) $x+6=-2$

□(3) $-\dfrac{1}{3}x=4$　　　　　　□(4) $-9x=18$

□(5) $\dfrac{3}{4}x=12$　　　　　　　□(6) $-70=-5x$

③ 次の方程式を解きなさい。

□(1) $6a+7=4a-3$　　　　□(2) $3x+2=-x+30$

□(3) $5x-4=8x+5$　　　　□(4) $4x-11=13-2x$

□(5) $7x-5=-3x-5$　　　□(6) $14-6y=9y-16$

④ 次の方程式を解きなさい。

□(1) $8(x-2)=5x-4$　　　□(2) $2x-3(3x+4)=2$

□(3) $7(x-3)=2(x+2)$　　□(4) $5(2x+1)=2(x-5)-9$

ヒント　② (6)両辺を入れかえても等式は成り立つ。
　　　　④ かっこをはずしてから解く。(2)は符号に注意する。

●等式の性質をしっかりマスターしておこう。
係数を整数になおして解く問題はよく出題されるよ。数の項へのかけ忘れや移項のときの符号の変化に注意しよう。解の検算を習慣づけるといいよ。

 5 次の方程式を解きなさい。

□(1) $0.9a - 2.8 = 0.5a$

□(2) $0.3x - 4 = x - 0.5$

□(3) $-0.13x + 1.2 = 0.17x - 2.4$

□(4) $0.7(0.6x - 1) = 0.98$

 6 次の方程式を解きなさい。

□(1) $\dfrac{7}{8}x = \dfrac{1}{2}x - 3$

□(2) $\dfrac{2}{3}a - \dfrac{1}{2} = \dfrac{4}{9}a + \dfrac{1}{6}$

□(3) $\dfrac{8x + 3}{6} = \dfrac{3x - 5}{4}$

□(4) $\dfrac{4x + 1}{5} - \dfrac{3x - 2}{8} = 3$

7 x についての方程式 $2x - 7 = ax + 13$ の解が 4 であるとき，a の値を求めなさい。
□

8 次の比例式について，x の値を求めなさい。

□(1) $9 : x = 12 : 16$

□(2) $40 : 25 = x : 10$

□(3) $9 : (x + 10) = 3 : 8$

□(4) $(4x + 5) : 12 = 7 : 4$

□(5) $(x + 6) : 2x = 5 : 6$

□(6) $7 : (5x + 2) = 4 : 3x$

ヒント **5 6** 両辺に同じ数をかけて，係数を整数にしてから解く。
7 解を代入すると方程式は成り立つ。a についての方程式を解く。

●代金や所持金の問題　　　　　　　　　　　　　　　　　　　　　教科書 p.113〜114

例題 1　兄は 850 円，弟は 600 円持っています。2 人とも同じ弁当を 1 個ずつ買ったところ，兄の残金は弟の残金の 2 倍になりました。弁当 1 個の値段を求めなさい。　▶▶**1**

考え方　（兄の残金）＝（弟の残金）×2

答え　弁当 1 個の値段を x 円とすると，

$$850-x=2\left(\boxed{①}\right)$$

これを解くと　$x=\boxed{②}$

弁当 1 個の値段を 350 円とすると，
兄の残金は 500 円，弟の残金は 250 円となり問題に適しています。　　答　350 円

> ① 求める数量を文字で表す
> ② 等しい数量を見つけて，方程式に表す
> ③ 方程式を解く
> ④ 解が実際の問題に適しているかを確かめる

ここがポイント

●過不足の問題　　　　　　　　　　　　　　　　　　　　　　　　教科書 p.115

例題 2　何人かの子どもに，折り紙を配ります。1 人に 6 枚ずつ配ると 2 枚不足し，5 枚ずつ配ると 7 枚余ります。子どもの人数と折り紙の枚数を求めなさい。　▶▶**2 3**

考え方　折り紙の枚数を 2 通りの式に表します。

答え　子どもの人数を x 人とすると

$$6x-2=\boxed{①}$$

これを解くと　　　　$x=\boxed{②}$

折り紙の枚数は　　$6×9-2=52$（枚）

子どもが 9 人で，折り紙が 52 枚であるとすると，問題に適しています。

答　子どもは $\boxed{③}$ 人，折り紙は $\boxed{④}$ 枚

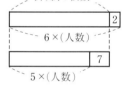

●速さの問題　　　　　　　　　　　　　　　　　　　　　　　　　教科書 p.116〜117

例題 3　弟が 900 m 離れた駅に向かって家を出ました。その 6 分後に，兄が同じ道を通って弟を追いかけました。弟は分速 50 m，兄は分速 80 m で進むとすると，兄は出発してから何分後に弟に追いつきますか。　▶▶**4**

考え方　追いついたとき　（弟が進んだ道のり）＝（兄が進んだ道のり）

答え　兄が出発してから x 分後に弟に追いつくとすると

$$50\left(\boxed{①}\right)=80x\qquad これを解くと\qquad x=\boxed{②}$$

10 分後に追いつくとすると，2 人が進んだ道のりはともに
800 m で，家と駅の道のりより短いから，問題に適しています。

答　10 分後

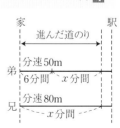

1 【代金や所持金の問題】兄は 5300 円，弟は 1950 円の貯金があります。来月から 2 人とも，毎月 200 円ずつ貯金すると，兄の貯金額が弟の貯金額のちょうど 2 倍になるのは何か月後か求めなさい。

教科書 p.114 例 1

●キーポイント
問題文の中の数量の関係を，ことばの式や図，表に整理して，等しい数量を見つけます。

対解くる

2 【過不足の問題】何人かの子どもに，いちごを配ります。1 人に 5 個ずつ配ると 6 個不足し，4 個ずつ配ると 9 個余ります。子どもの人数といちごの個数を求めなさい。

教科書 p.115 例 2

3 【過不足の問題】ボールペンを 15 本買おうとしましたが，持っていたお金では 350 円足りませんでした。そこで，11 本買ったところ 10 円余りました。ボールペン 1 本の値段と最初に持っていた金額を求めなさい。

教科書 p.115 問 3

対解くる

4 【速さの問題】弟が 1500 m 離れた駅に向かって徒歩で家を出ました。その 15 分後に，兄が同じ道を自転車で追いかけました。弟は分速 70 m，兄は分速 280 m で進むとします。

教科書 p.116 例 3

(1) 兄が家を出発してから x 分後に弟に追いつくとして，2 人が進んだ時間や道のりを考えます。下の表の空らんをうめなさい。

	速さ(m/min)	時間(分)	道のり(m)
弟	70	①	②
兄	280	x	③

(2) 兄が家を出発してから x 分後に弟に追いつくとして，方程式をつくりなさい。

(3) 兄は出発してから何分後に弟に追いつきますか。また，それは家から何 m の地点ですか。

例題の答え **1** ①600−x ②350 **2** ①5x+7 ②9 ③9 ④52 **3** ①6+x ②10

① ある数に5をたした数の4倍は，もとの数を7倍して4をひいた数に等しくなります。もとの数を求めなさい。

② 男子が30人，女子が20人いるサッカークラブに，新しく何人かの女子が入ったところ，男子と女子の人数の比が5：6になりました。新しく入った女子の人数を求めなさい。

③ 連続する3つの整数があります。その整数のうち最小の数を7倍すると，残りの2つの数の和の3倍に等しくなります。

　(1)　最小の数をnとおくとき，残りの2つの数をnで表しなさい。

　(2)　最小の数をnとおいて，方程式をつくりなさい。

　(3)　この連続する3つの整数を求めなさい。

④ 1本60円の鉛筆と1本90円のボールペンを，鉛筆がボールペンよりも5本多くなるように買ったところ，代金の合計は900円でした。鉛筆とボールペンをそれぞれ何本買ったか求めなさい。

ヒント　② 新しく入った人数をx人とすると，女子は$(20+x)$人と表される。
　　　　④ ボールペンをx本とすると，鉛筆は$(x+5)$本

全校生徒がいくつかの班をつくり，地区の清掃活動をします。準備していたごみ袋を，1つの班に7枚ずつ配ると12枚余り，8枚ずつ配ると2枚不足します。準備していたごみ袋の枚数を求めなさい。

よく出る
6 長いすを並べて生徒が座ります。長いす1脚に6人ずつ座ると21人が座れず，1脚に7人ずつ座ると，最後の1脚は4人だけが座ることになりました。

(1) 長いすの数を x 脚とおき，生徒の人数に関して方程式をつくりなさい。

(2) 長いすの数と生徒の人数を求めなさい。

よく出る
7 Aさんの家とBさんの家は同じ道路ぞいにあり，1200 m 離れています。Aさんは自宅から分速70 mでBさんの家に，Bさんは自宅から分速80 mでAさんの家に向かって，同時に出発します。このとき，2人が出会うのは，家を出発してから何分後で，Aさんの家から何m離れた地点であるか求めなさい。

8 以前から姉は毎月200円ずつ，妹は毎月150円ずつ貯金していて，現在，姉は4600円，妹は1800円の貯金があります。姉の貯金が妹の貯金の5倍であるのはいつか求めなさい。

ヒント 6 (1)7人ずつ座るとき，7人が座る長いすは $(x-1)$ 脚になる。
8 解が負の数になるときの意味を考える。

3章

教科書113〜119ページ

3章　1次方程式

❶ 次の方程式のうち，-4 が解であるものをすべて選びなさい。知

 ⑦ $\dfrac{1}{2}x+8=6$　　　　　⑦ $x-9=2x+3$

 ⑦ $3+\dfrac{1}{4}x=\dfrac{1}{8}x$　　　　⑦ $2(x+3)=x+2$

❶　　　　　　　　点／5点

❷ 次の方程式を解きなさい。知

 (1) $4x-9=3$　　　　　(2) $x-12=4x$

 (3) $8x+5=6x-7$　　　(4) $7a-1=8a-9$

❷　　　　　　　点／20点（各5点）

(1)	
(2)	
(3)	
(4)	

❸ 次の方程式を解きなさい。知

 (1) $3(2x-9)=2x-3$　　　(2) $3x-2(5x+4)=20$

 (3) $0.3x-1.6=1.5x+2$　　(4) $0.26x-1.5=0.74-0.3x$

❸　　　　　　　点／30点（各5点）

(1)	
(2)	
(3)	
(4)	
(5)	
(6)	

(5) $\dfrac{1}{2}x-2=\dfrac{1}{6}x+\dfrac{1}{3}$　　(6) $\dfrac{3x-2}{8}=\dfrac{2x+1}{6}$

❹ 次の比例式について，x の値を求めなさい。知

 (1) $30:x=12:10$　　　　(2) $x:10=(x-3):8$

❹　　　　　　　点／10点（各5点）

(1)	
(2)	

❺ x についての方程式 $ax-2=4x+a$ の解が 2 であるとき，a の値を求めなさい。考

❺　　　　　　　点／5点

　成績評価の観点　知…数量や図形などについての知識・技能　　考…数学的な思考・判断・表現

⑥ 次の問いに答えなさい。考

(1) 兄は 1350 円，弟は 500 円持って買い物に行き，同じノートを兄は 3 冊，弟は 2 冊買ったところ，兄の残金は弟の残金の 4 倍になりました。ノート 1 冊の値段を求めなさい。

(2) A のケーキを 5 個と，1 個の値段が A より 80 円高い B のケーキを 3 個買ったところ，代金の合計は 2400 円でした。A のケーキ 1 個の値段を求めなさい。

⑦ 朝とれたトマトを，用意しておいた箱に分けて入れます。1 箱に 20 個ずつ入れると 40 個が余り，1 箱に 24 個ずつ入れると，最後の 1 箱は 16 個だけ入れることになりました。トマトの個数を求めなさい。考

⑧ 弟が 1200 m 離(はな)れた駅に向かって徒歩で家を出ました。その 12 分後に，兄が同じ道を自転車で追いかけました。弟は分速 60 m，兄は分速 300 m で進むとすると，兄は出発してから何分後に弟に追いつきますか。
また，それは家から何 m の地点ですか。考

⑨ 長さ 200 m の普通(ふつう)列車が渡(わた)り始めてから渡り終わるまでに 50 秒かかる鉄橋があります。この鉄橋を，長さ 280 m の貨物列車が渡り始めてから渡り終わるまでにかかった時間は 90 秒でした。普通列車の速さが貨物列車の速さより秒速 8 m 速いとき，鉄橋の長さを求めなさい。考

知 /65点　考 /35点

解答▶▶ p.23〜24

● 方程式

・等式 $4x+2=14$ のように，x の値によって成り立ったり成り立たなかったりする等式を，x についての**方程式**という。

・方程式を成り立たせる文字の値を，その方程式の**解**という。

・方程式の解を求めることを，方程式を**解く**という。

● 等式の性質

[1]　等式の両辺に同じ数をたしても，等式は成り立つ。

$A=B$　ならば，　$A+C=B+C$

[2]　等式の両辺から同じ数をひいても，等式は成り立つ。

$A=B$　ならば，　$A-C=B-C$

[3]　等式の両辺に同じ数をかけても，等式は成り立つ。

$A=B$　ならば，　$AC=BC$

[4]　等式の両辺を同じ数でわっても，等式は成り立つ。

$A=B$　ならば，　$\dfrac{A}{C}=\dfrac{B}{C}$ $(C\neq0)$

● 移項

等式では，一方の辺の項を，符号を変えて他方の辺に移すことを**移項**するという。

(例)　$3x-4=2x+1$

$2x$，-4 を移項すると，

$3x-2x=1+4$

$x=5$

● かっこのある方程式の解き方

分配法則 $a(b+c)=ab+ac$ を使って，かっこをはずしてから解く。

[注意]　かっこをはずすとき，符号に注意。

● 係数に小数がある方程式の解き方

両辺に 10 や 100 などをかけて，係数を整数にしてから解く。

● 係数に分数がある方程式の解き方

・両辺に分母の公倍数をかけて，係数を整数にしてから解く。

・方程式の両辺に分母の公倍数をかけて，分数をふくまない式に変形することを，**分母をはらう**という。

● 1次方程式を解く手順

[1]　係数に小数や分数がある方程式は，両辺を何倍かして小数や分数をなくす。かっこのある式は，かっこをはずす。

[2]　x をふくむ項を左辺に，数の項を右辺に移項する。

[3]　$ax=b$ の形に整理する。

[4]　両辺を x の係数 a でわる。

● 比例式の性質

$a:b=c:d$ のとき $ad=bc$

(例)　比例式 $x:18=2:3$ を満たす x の値

比例式の性質から

$x\times3=18\times2$

$x=12$

□**比例**　　　　　　　　　　　　　　　　　　　　　　　◀ 小学6年

ともなって変わる2つの量 x，y があります。x の値が2倍，3倍，4倍，…になると，y の値は2倍，3倍，4倍，…になります。

関係を表す式は，$y=$ きまった数 $\times x$ になります。

□**反比例**　　　　　　　　　　　　　　　　　　　　　　◀ 小学6年

ともなって変わる2つの量 x，y があります。x の値が2倍，3倍，4倍，…になると，y の値は $\dfrac{1}{2}$，$\dfrac{1}{3}$，$\dfrac{1}{4}$，…になります。

関係を表す式は，$y=$ きまった数 $\div x$ になります。

❶ 次の x と y の関係を式に表し，比例するものには○，反比例するものには△をつけなさい。　　　◀ 小学6年〈比例と反比例〉

⑴　1000円持っているとき，使ったお金 x 円と残っているお金 y 円

ヒント
一方を何倍かすると，他方は……

⑵　分速90mで歩くとき，歩いた時間 x 分と歩いた道のり y m

⑶　面積 $100\ \mathrm{cm}^2$ の長方形の縦の長さ x cm と横の長さ y cm

❷ 下の表は，高さが6cmの三角形の底辺を x cm，その面積を $y\ \mathrm{cm}^2$ として，面積が底辺に比例するようすを表したものです。表のあいているところにあてはまる数を書きなさい。　　　◀ 小学6年〈比例〉

ヒント
きまった数 を求めて……

x(cm)	1		3	4	5		7
y(cm²)		6		12		18	

❸ 下の表は，面積が決まっている平行四辺形の高さ y cm が底辺 x cm に反比例するようすを表したものです。表のあいているところにあてはまる数を書きなさい。　　　◀ 小学6年〈反比例〉

ヒント
きまった数 を求めて……

x(cm)	1	2	3		5	6
y(cm)			16	12		

●関数

教科書 p.124〜126

例題 1

次の(1), (2)で，y は x の関数であるといえますか。　▶▶**1**

(1) 1個 90 円のクッキーを x 個買うときの代金 y 円

(2) 周の長さが x cm の長方形の横の長さ y cm

考え方　x の値が 1 つ決まると，それに対応して，y の値がただ 1 つに決まるとき，y は x の関数といえます。

答え　(1) クッキーの個数を決めると，代金が 1 つに決まります。

だから，y は x の関数と　①[　　　　　　]　。

(2) 周の長さを決めても，横の長さは 1 つに決まりません。

だから，y は x の関数と　②[　　　　　　]　。

いろいろな値をとる文字を変数といいます。

●変数，変域

教科書 p.126〜127

例題 2

変数 x の変域が -3 以上 2 以下のとき，
x の変域を不等号で表しなさい。　▶▶**2**

$$-3 \quad -2 \quad -1 \quad 0 \quad 1 \quad 2 \quad 3$$

考え方　変数 x の変域は，不等号 $<$，$>$，$\leqq$，$\geqq$ や数直線を使って表します。

答え　-3　①[　　]　x　②[　　]　2

（x が -3 以上）　（x が 2 以下）

プラスワン　変域

変数のとりうる値の範囲を変域といいます。

●比例

教科書 p.128〜130

例題 3

容積が 3000 cm³ の空の容器に，1 分間に 150 cm³ の割合で水を満水になるまで入れます。水を入れ始めてから x 分後の水の体積を y cm³ とします。　▶▶**3**

(1) y を x の式で表しなさい。

(2) x の変域を不等式で表しなさい。

考え方　(1) （水の体積）＝（1 分あたりに入る量）×（時間）

(2) 問題文から，x のとりうる値の範囲を求めます。

答え　(1) x と y の値は，次の表のように対応します。

x	0	1	2	3	…
y	0	150	300	①[　　]	…

x の値を　②[　　　]　倍したものが y の値となるから

$y=$　③[　　　]　と表され，y は　④[　　　]　に比例します。

プラスワン　比例定数

一定の数やそれを表す文字のことを定数といい，比例の式 $y=ax$ の a を比例定数といいます。

(2) $3000 \div 150 =$　⑤[　　　]　(分)で満水になります。よって　$0 \leqq x \leqq$　⑥[　　　]

1 【関数】深さ 20 cm の直方体の形をした空の水そうがあります。この水そうがいっぱいになるまで，一定の割合で水を入れるとき，次の問いに答えなさい。

教科書 p.126 問 1

□(1) 次の表は，水そうに水を入れ始めてから x 分後の水の深さを y cm として，x と y の関係を表したものです。この表を完成させなさい。

x(分)	0	1	2	3	4	5
y(cm)	0	2	4	6		

●キーポイント
2つのともなって変わる量 x と y がある
↓
x の値を1つに決める
↓
y の値が1つに決まる
↓
y は x の関数

□(2) y は x の関数であるといえますか。

2 【変域，変数】次のような変数 x の変域を不等式で表しなさい。また，変域を表す図をかきなさい。

教科書 p.127 問 3

□(1) x が -3 より大きい

□(2) x が 2 以下

●キーポイント
ふくむ ➡ $\geqq$，$\leqq$
ふくまない ➡ $>$，$<$

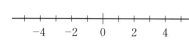

□(3) x が -4 以上 0 以下

□(4) x が -1 より大きく 5 未満

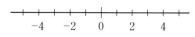

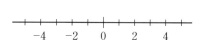

3 【比例の関係】家を出発して 3500 m 離れた A 町まで分速 70 m で歩きます。歩き始めてから x 分後の家からの距離を y m とするとき，次の問いに答えなさい。

教科書 p.129 例 1

□(1) y は x に比例することを示しなさい。

●キーポイント
比例定数は，つねに一定の数で，$y \div x$ で求められます。

□(2) 比例定数を答えなさい。

□(3) x の変域を不等式で表しなさい。

例題の答え **1** ①いえる ②いえない **2** ①$\leqq$ ②$\leqq$ **3** ①450 ②150 ③$150x$ ④x ⑤20 ⑥20

●比例の式の求め方

教科書 p.131

例題
1

y は x に比例し，$x=4$ のとき $y=24$ です。このとき，y を x の式で表しなさい。

▶▶ 1

考え方 y は x に比例するから，$y=ax$ と表されます。このときの比例定数 a の値を求めます。

答え y は x に比例するから，比例定数を a とすると，$y=ax$ と表すことができる。

$x=4$ のとき $y=24$ であるから，

$24=a\times$ ①〔　　　　〕

$y=ax$ に，$x=4$，$y=24$ を代入する。

a についての方程式を解く。

ここがポイント

これを解くと

$a=$ ②〔　　　　〕

したがって，求める式は，$y=$ ③〔　　　　〕

●座標

教科書 p.132〜133

例題
2

右の図の点 A，B，C，D の座標を答えなさい。

▶▶ 2 3

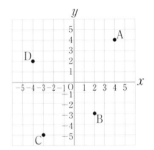

考え方 座標は，(x 座標，y 座標）と表します。

答え 点 A の座標は（①〔　　　　〕，②〔　　　　〕）

点 B の座標は（③〔　　　　〕，④〔　　　　〕）

点 C の座標は（⑤〔　　　　〕，⑥〔　　　　〕）

点 D の座標は（⑦〔　　　　〕，⑧〔　　　　〕）

座標が (4, 4) である点 A を
A(4, 4) と表します。

プラスワン 座標

座標平面

P

2

原点

-2 O 2 x

x軸
-2 y軸

座標軸

y

上の図の点 P は，x 軸上の -2 と y 軸上の 2 を組み合わせて，$(-2,\ 2)$ と表します。これを点 P の座標，-2 を点 P の x 座標，2 を点 P の y 座標といいます。

1 【比例の式の求め方】y は x に比例し，$x=4$ のとき $y=-16$ です。次の問いに答えなさい。

教科書 p.131 問 4

□(1) y を x の式で表しなさい。

●キーポイント
比例定数を a とすると，$y=ax$ と表されます。この式に，与えられた x，y の値を代入して，比例定数を求めます。

□(2) $x=-6$ のときの y の値を求めなさい。

□(3) $y=20$ となる x の値を求めなさい。

2 【点の座標】下の図の点 P〜U の座標をそれぞれ答えなさい。

教科書 p.133 問 1

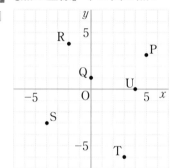

⚠ミスに注意
座標は，x 座標，y 座標の順に書きます。逆に書かないように注意しましょう。

3 【点の座標】次の点を，下の図にかき入れなさい。

教科書 p.133 問 2

A $(2,\ 5)$　　　　　　　B $(-1,\ 2)$
C $(-3,\ -2)$　　　　　D $(0,\ -4)$
E $(-5,\ 0)$　　　　　　F $(4,\ -5)$

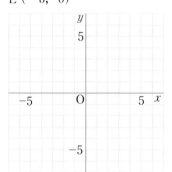

●キーポイント
点 $(1,\ 2)$ は，原点 O から x 軸の正の方向に 1 進み，y 軸の正の方向に 2 進んだ点を表しています。

例題の答え **1** ①4 ②6 ③$6x$ **2** ①4 ②4 ③2 ④−3 ⑤−3 ⑥−5 ⑦−4 ⑧2

● 比例のグラフ

教科書 p.134〜136

例題 1 比例 $y=-3x$ で，x の値が 1 ずつ増加すると，y の値はどのように変化しますか。 ▶▶**1**

x	……	-3	-2	-1	0	1	2	3	……
y	……	9	6	3	0	-3	-6	-9	……

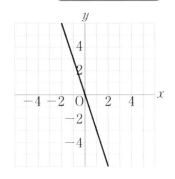

考え方 表やグラフを見て，y の値の変化を考えます。

答え x の値が 1 ずつ増加すると，y の値は 　　　　 ずつ減少する。

変化は「増加する」と「減少する」があります。

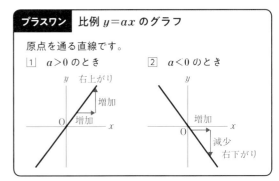

プラスワン 比例 $y=ax$ のグラフ

原点を通る直線です。
① $a>0$ のとき　　　② $a<0$ のとき

● 比例のグラフのかき方

教科書 p.137

例題 2 $y=3x$ のグラフのかき方を説明しなさい。 ▶▶**2**

考え方 原点と，グラフが通る原点以外のもう1点をとり，その点と原点を結ぶ直線をかきます。

答え $x=1$ のとき，$y=$ 　　　　 だから，$y=3x$ のグラフは原点と点 $(1,\ 3)$ を結ぶ直線をかけばよい。

● グラフから比例の式を求める

教科書 p.137

例題 3 グラフが右の図の直線になる比例の式を求めなさい。 ▶▶**3**

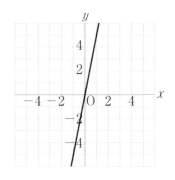

考え方 求める比例の式を $y=ax$ として，a の値を求めます。

答え 求める比例の式を $y=ax$ とする。グラフは点 $(1,\ 5)$ を通るから，この式に $x=1$，$y=5$ を代入すると，
$5=a\times1$
$a=$ 　　　　 したがって，求める比例の式は $y=5x$

1 【比例のグラフ】比例 $y=3x$ について，次の問いに答えなさい。

教科書 p.134〜135

□(1) 下の表の ☐ をうめなさい。また，y を x の式で表しなさい。

x	……	-2		-1		0	1		2		……
y	……	-6	①			0	3	②			……

●キーポイント
(2)のグラフは，(1)の表の x と y の値の組を座標とする点をとって，その点を通る直線をひきます。

□(2) 比例 $y=3x$ のグラフを，右の図にかきなさい。

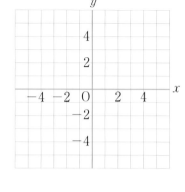

2 【比例のグラフのかき方】次の比例のグラフを右の図にかきなさい。

教科書 p.137問4

□(1) $y=2x$

□(2) $y=\dfrac{2}{5}x$

□(3) $y=-4x$

□(4) $y=-\dfrac{3}{4}x$

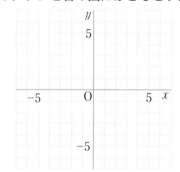

●キーポイント
グラフが通る原点以外の点を1つとり，その点と原点を通る直線をひきます。

3 【グラフから比例の式を求める】グラフが右の図の(1)〜(4)の直線になる比例の式をそれぞ
□ れ求めなさい。

教科書 p.137例2

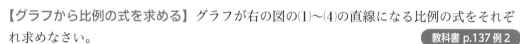

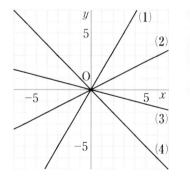

●キーポイント
$y=ax$ にグラフ上の点の座標を代入して a の値を求めます。

例題の答え **1** 3 **2** 3 **3** 5

❶ 次のような x と y の関係について，y は x の関数であるといえるかどうか答えなさい。

　□(1)　時速 $20\,\mathrm{km}$ で x 時間走ったときの道のりは $y\,\mathrm{km}$ である。

　□(2)　x 円で送ることのできる小包の重さは $y\,\mathrm{g}$ である。

　□(3)　約数の個数が x 個である自然数は y である。

❷ 次の関数の中から，y が x に比例するものをすべて選びなさい。
　□　また，そのときの比例定数を答えなさい。

　　①　$y=7x$ 　　　　　　　②　$2x+y=1$ 　　　　　　③　$xy=4$

　　④　$y=\dfrac{x}{4}$ 　　　　　　⑤　$\dfrac{y}{x}=3$ 　　　　　　⑥　$y=-\dfrac{6}{x}$

❸ A さんは家から $5\,\mathrm{km}$ 離れた公園までジョギングすることにしました。A さんの走る速さは分速 $200\,\mathrm{m}$ です。ジョギングを始めてから x 分後の家からの距離を $y\,\mathrm{m}$ とするとき，次の問いに答えなさい。

　□(1)　対応する x と y の値の表を完成させなさい。

x	0	2	4	6	8	10	12	14
y	0							

　□(2)　y は x に比例することを示しなさい。

　□(3)　比例定数を求めなさい。

　□(4)　x の変域を不等式で表しなさい。

　□(5)　$y=3800$ となる x の値を求めなさい。

ヒント　❶ x の値が1つに決まると y の値もただ1つに決まるものを選ぶ。
　　　　❸ 距離の単位は m にそろえる。(距離)＝(速さ)×(時間)

●比例 ⟷ $y=ax$ の関係をしっかり覚えておこう。

式からグラフ，グラフから式がすぐ求められるようにしておくこと。これらは必ず出題されるし，差がつくところだ。比例定数の符号とグラフの傾きに注意しよう。

4 次の問いに答えなさい。

□(1) y は x に比例し，比例定数は 2 です。$x=-3$ のときの y の値を求めなさい。

□(2) y は x に比例し，$x=3$ のとき $y=-9$ です。$x=-5$ のときの y の値を求めなさい。

□(3) y は x に比例し，$\dfrac{y}{x}$ の値が $\dfrac{3}{5}$ です。$y=-6$ となる x の値を求めなさい。

5 次の比例のグラフを右の図にかきなさい。

□(1) $y=\dfrac{2}{3}x$ □(2) $y=4x$

□(3) $y=-\dfrac{1}{2}x$ □(4) $y=-\dfrac{4}{3}x$

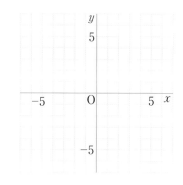

4
章

教科書
124
〜
138
ページ

6 右の図について，次の問いに答えなさい。

□(1) グラフが右の図の①，②の直線になる比例の式をそれぞれ求めなさい。

□(2) ①，②それぞれの関係において，x の値が 1 ずつ増加すると，y の値はどのように変化しますか。

□(3) ①，②それぞれの関係において，$x=8$ のときの y の値を求めなさい。

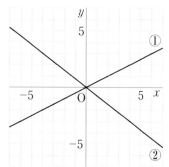

ヒント **4** 比例の式を求め，その式に与えられた値を代入して，もう一方の値を求める。

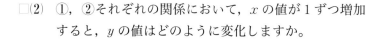　**6** (3)(1)で求めた式を利用する。

●反比例

教科書 p.139〜141

例題1

24 km の道のりを時速 x km で進むと，y 時間かかります。　▶▶**1 2**

(1)　y を x の式で表しなさい。

(2)　y は x に反比例することを確かめなさい。また，比例定数を答えなさい。

考え方 (2)　$y=\dfrac{a}{x}$ という式で表されるとき，y は x に反比例するといいます。

だから，$y=\dfrac{a}{x}$ という式で表されるかどうかを確かめます。

答え (1)　$\underset{y}{(時間)}=\underset{24}{(道のり)}\div\underset{x}{(速さ)}$ だから，$y=\dfrac{24}{\boxed{①}}$

(2)　$y=\dfrac{24}{x}$ という式で表されるから，

y は x に反比例 $\boxed{②}$ 。

> y が x に反比例する⇔$y=\dfrac{a}{x}$　ここがポイント

比例定数は $\boxed{③}$

> **プラスワン**　比例定数
> 反比例の式 $y=\dfrac{a}{x}$ における文字の a を比例定数といいます。

●反比例の式を求める

教科書 p.142

例題2

y は x に反比例し，$x=2$ のとき $y=-8$ である。このとき，y を x の式で表しなさい。　▶▶**3**

考え方 y は x に反比例するから，比例定数を a とすると，$y=\dfrac{a}{x}$ と表されます。

答え y は x に反比例するから，比例定数を a とすると，$y=\dfrac{a}{x}$ と表すことができる。

$x=2$ のとき，$y=-8$ であるから，

$-8=\dfrac{a}{\boxed{①}}$

> $y=\dfrac{a}{x}$ に $x=2$，$y=-8$ を代入する　ここがポイント
>
> a についての方程式を解く

$a=\boxed{②}$

したがって，$y=-\dfrac{\boxed{③}}{x}$

1 【反比例】次の x，y について，y は x に反比例することを示しなさい。
また，比例定数をそれぞれ答えなさい。

教科書 p.140 問 2

□(1) 60 L の灯油を x 等分したとき，1 つあたりの灯油の量を y L
とする。

⚠ミスに注意
比例でも反比例でも a
を比例定数といいます。
反比例定数とはいいま
せん。

□(2) 面積が 40 cm² である平行四辺形の底辺を x cm，高さを
y cm とする。

□(3) 容積が 9 L の空の水そうに，1 分間に x L の割合で水を入れ
ると y 分で満水になる。

2 【反比例】反比例の関係 $y = \dfrac{24}{x}$ について，次の問いに答えなさい。

教科書 p.141 問 3

□(1) 対応する x と y の値の表をつくりなさい。

x	…	-6	-4	-2	0	2	4	6	…
y	…				$\times$				…

●キーポイント
・反比例 $y = \dfrac{a}{x}$ では
$x = 0$ に対応する
y の値は考えません。
・(2)は，(1)の表から考
えます。

□(2) x の値が 2 倍，3 倍，……になると，y の値はそれぞれ何倍
になりますか。

3 【反比例の式の求め方】y は x に反比例し，$x = 2$ のとき $y = -9$ です。

教科書 p.142 問 5

□(1) y を x の式で表しなさい。

●キーポイント
$y = \dfrac{a}{x} \Rightarrow xy = a$
なので，比例定数は
xy でも求められます。

□(2) $x = -6$ のときの y の値を求めなさい。

例題の答え **1** ①x ②する ③24 **2** ①2 ②-16 ③16

●反比例のグラフ

教科書 p.143〜146

例題1　反比例 $y = \dfrac{8}{x}$ について，次の問いに答えなさい。　▶▶ **1**〜**3**

(1) 対応する x と y の値の表を完成させなさい。

x	...	-8	-4	-2	-1	0	1	2	4	8	...
y	...	㋐	㋑	㋒	㋓	×	8	4	2	1	...

(2) 反比例 $y = \dfrac{8}{x}$ のグラフは，右の図のように なめらかな2つの曲線になります。この曲線 を何といいますか。

(3) $x>0$ のとき，x の値が増加すると y の値はど のように変化しますか。

(4) $x<0$ のとき，x の値が増加すると y の値はど のように変化しますか。

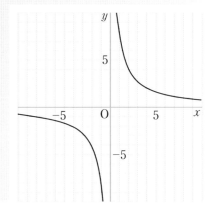

考え方　(3)，(4) グラフの形状から読みとります。

答え　(1) ㋐　$y = \dfrac{8}{x}$ に $x = -8$ を代入して　$y = \dfrac{8}{-8} = $ ①[＿＿＿]

同じようにして　㋑は ②[＿＿＿]，㋒は ③[＿＿＿]，㋓は ④[＿＿＿]

(2) この曲線を ⑤[＿＿＿] という。

(3) $x>0$ のときのグラフは右上に現れる。

グラフは右下がりであるから，x の値が増加すると y の値は ⑥[＿＿＿] する。

(4) $x<0$ のときのグラフは左下に現れる。

グラフは右下がりであるから，x の値が増加すると y の値は ⑦[＿＿＿] する。

プラスワン　反比例 $y = \dfrac{a}{x}$ のグラフ

1 $a>0$ のとき　　2 $a<0$ のとき

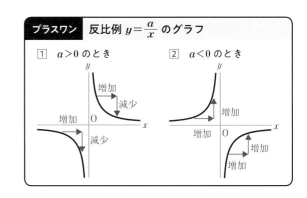

1 【反比例のグラフ】反比例 $y = -\dfrac{16}{x}$ について，次の問いに答えなさい。

教科書 p.143〜146

□(1) 対応する x と y の値の表を完成させなさい。

x	-8	-5	-4	-2	0	2	4	5	8
y					$\times$				

●キーポイント
反比例のグラフをかく手順
❶ 対応する x と y の値の表をかく。
❷ 表の x と y の値の組を座標とする点をかき入れる。
❸ とった点をなめらかな曲線で結ぶ。

□(2) 反比例 $y = -\dfrac{16}{x}$ のグラフを，右の図にかきなさい。

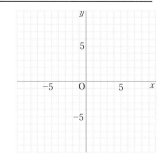

2 【反比例のグラフ】右の図の曲線①〜③は反比例のグラフです。グラフが①〜③になる反比例の式をそれぞれ求めなさい。

教科書 p.143〜146

⚠ミスに注意
反比例 $y = \dfrac{a}{x}$ では，グラフは x 軸，y 軸と交わることはありません。

3 【反比例のグラフ】次の空らんをうめて，文を完成させなさい。

教科書 p.143〜146

□(1) 反比例 $y = \dfrac{5}{x}$ において，$x < 0$ のとき，x の値が増加すると，y の値は ☐ する。

□(2) 反比例 $y = -\dfrac{7}{x}$ において，$x > 0$ のとき，x の値が増加すると，y の値は ☐ する。

□(3) 反比例 $y = \dfrac{a}{x}$ において，x の絶対値を大きくしていくと，y の値は ☐ に近づくが，グラフは ☐ 軸と交わらない。

例題の答え **1** ①-1 ②-2 ③-4 ④-8 ⑤双曲線 ⑥減少 ⑦減少

4 章

教科書 143〜146 ページ

● 比例の関係の利用　　　　　　　　　　　　　　　　　　教科書 p.148～150

　例題 **1**　重さが 800 g の用紙の束がある。これと同じ用紙 30 枚の重さをはかると 120 g で
あったとき，束になっている用紙の枚数を求めなさい。　　▶▶**1**

考え方　用紙の重さは枚数に比例することを使います。

答え　x 枚分の用紙の重さを y g とする。y は x に比例するから，比例定数を a とする
と $y=ax$ と表すことができる。

$x=30$，$y=120$ を $y=ax$ に代入すると，$120=a\times$ ①□□□　　　$a=$ ②□□□

したがって，この関係は $y=4x$ と表すことができる。

$y=4x$ に $y=800$ を代入すると，$800=4x$　　$x=$ ③□□□

答 ③□□□ 枚

● 反比例の関係の利用　　　　　　　　　　　　　　　　　　教科書 p.151

　例題 **2**　出力 1000 W の電子レンジで 4 分加熱するのが適当な食品を，1200 W の出力で温
める場合，温める時間を何分何秒に設定すればよいですか。　　▶▶**2**

考え方　食品が温まるまでの時間は，電子レンジの出力（W）に反比例します。

答え　1000 W は 1200 W の $\dfrac{1200}{1000}$　　すなわち $\dfrac{6}{5}$ 倍であるから，

加熱時間は ①□□□ 倍になる。

$(60\times4)\times\dfrac{5}{6}=200$（秒）より　　②□□□ 分 ③□□□ 秒

● グラフの読みとり　　　　　　　　　　　　　　　　　　教科書 p.152

例題 **3**　A さんが家を出発して，家から 400 m 離れた図書館に歩
いて向かいました。A さんが出発してから x 分後に家か
ら y m 離れるとして，A さんが図書館に着くまでの x
と y の関係をグラフに表すと右の図のようになります。
A さんは，家を出発してから何分後に図書館に着きます
か。また，A さんの歩く速さは分速何 m ですか。　　▶▶**3**

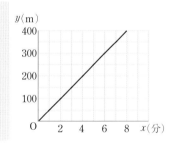

考え方　まずグラフから必要な点の座標を読みとります。

答え　図書館に着くまでの時間は，グラフの y 座標が 400 になる点の

x 座標を読みとって　①□□□ 分後

グラフから，8 分で ②□□□ m 進んでいるから，歩く速さは

③□□□ ÷8= ④□□□ より　　分速 ④□□□ m

グラフから
速さや□分後の
距離などが
読みとれます。

1 【比例の関係の利用】重さ 1 kg 分のクリップが箱にあります。50 g 分の個数を数えると 75 個であったとき，箱の中のクリップの個数を求めなさい。 教科書 p.149 例 1

2 【反比例の関係の利用】出力 1000 W の電子レンジで 4 分温めるとよい食品を，600 W の出力で温める場合，温める時間を何分何秒に設定すればよいですか。 教科書 p.151 例 2

●キーポイント
反比例の関係では，一方の量が n 倍になると，他方の量は $\dfrac{1}{n}$ 倍になります。

3 【グラフの読みとり】A さんと B さんが同時に学校を出発して，学校から 480 m 離れた公園に歩いて向かいました。2 人が出発してから x 分後に，それぞれ学校から y m 離れるとして，A さんが公園に着くまでの x と y の関係をグラフに表すと右の図のようになります。次の問いに答えなさい。 教科書 p.152 例 3

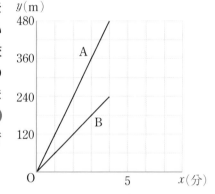

(1) A さんは，学校を出発してから何分後に公園に着きますか。

(2) A さんが公園に着いたとき，B さんと公園との距離は何 m あるか答えなさい。

●キーポイント
グラフ上の点の x 座標，y 座標は次のことを表しています。
x 座標…学校を出発してからの時間
y 座標…学校からの距離

(3) B さんは，A さんから何分遅れて公園に着きますか。B さんのグラフを完成させて答えなさい。

(4) A さんと B さんの歩く速さを，それぞれ求めなさい。

(5) 2 人の間が 180 m 離れるのは，学校を出発してから何分後か答えなさい。

例題の答え **1** ①30 ②4 ③200 **2** ①$\dfrac{5}{6}$ ②3 ③20 **3** ①8 ②400 ③400 ④50

解答▶▶ p.28～29 83

4 章

教科書 148 ～ 152 ページ

1 次の x, y について，y が x に反比例するのはどれですか。すべて選びなさい。

☐　㋐　240 ページある本について，x ページ読んだとき，残りのページ数を y ページとする。

　　㋑　30 L のしょう油を x 等分したとき，1 つあたりのしょう油の量を y L とする。

　　㋒　周の長さが 20 cm の長方形の縦の長さを x cm，横の長さを y cm とする。

　　㋓　面積が 12 cm² の三角形の底辺を x cm，高さを y cm とする。

2 次の関数の中から，y が x に反比例するものを選びなさい。また，そのときの比例定数を
☐　答えなさい。

　　㋐　$x - y = 6$ 　　　　　　㋑　$xy = -5$ 　　　　　　㋒　$\dfrac{y}{2} = x$

　　㋓　$y = \dfrac{8}{x}$ 　　　　　　㋔　$2x + y = 4$

3 36 km の道のりを時速 x km で移動するときにかかる時間を y 時間とするとき，次の問いに答えなさい。

☐(1)　対応する x と y の値の表を完成させなさい。

x	1	2	3	4	6	9	12	18	36
y									

☐(2)　y は x に反比例することを示しなさい。

☐(3)　比例定数を求めなさい。

4 1 分間に 4 L ずつ水を入れると 35 分間で満水になる水そうがあります。この水そうに 1 分間に x L ずつ水を入れるとき，満水になるまでにかかる時間を y 分とするとき，次の問いに答えなさい。

☐(1)　y を x の式で表しなさい。

☐(2)　x の値が 4 倍になると，y の値はどのように変化しますか。

ヒント　**3** (1)(時間)＝$\dfrac{(道のり)}{(速さ)}$　(2)$y = \dfrac{a}{x}$ の式に表されることを示す。

●反比例 ⟷ $y=\dfrac{a}{x}$ の関係をしっかり覚えておこう。
双曲線は，原点を対称の中心として点対称になるよ。グラフをかく問題はよく出題されるから，
なめらかな曲線がかけるように練習しておこう。

 5 y は x に反比例し，$x=2$ のとき $y=-18$ です。

□(1) y を x の式で表しなさい。

□(2) $x=-9$ のときの y の値を求めなさい。

 6 次の反比例のグラフを右の図にかきなさい。

□(1) $y=\dfrac{18}{x}$　　　　　□(2) $y=-\dfrac{24}{x}$

□(3) $y=-\dfrac{6}{x}$

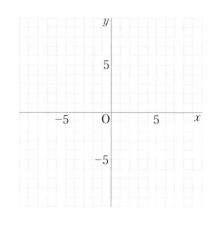

7 右の図の曲線(1)，(2)は反比例のグラフです。グラフが(1)，
□ (2)になる反比例の式をそれぞれ求めなさい。

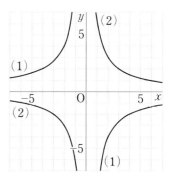

8 次の問いに答えなさい。

□(1) 40 枚の重さが 200 g のコインが 1 kg あります。このコインの枚数を求めなさい。

□(2) 壁にカードを 1 列に 12 枚ずつはっていくと，ちょうど 15 列になります。カードの列
　　 が 10 列になるようにするには，1 列に何枚ずつはっていけばよいか求めなさい。

 ヒント　**6** なるべく多くの点をとり，それらをなめらかな曲線で結ぶ。
　　　　　点対称な形になるように，また x 軸，y 軸と交わらないように注意する。

4章　比例と反比例

❶ 次の x，yについて，y を x の式で表しなさい。また，y は x に比例するか，または反比例するかを答えなさい。[知]

　(1)　1 m の重さが 16 g の針金 x m の重さを y g とする。

　(2)　底辺が x cm，高さが y cm の三角形の面積が 15 cm² である。

❶	点/20点（各5点）
(1)	式 比例・反比例
(2)	式 比例・反比例

❷ 次の場合について，y を x の式で表しなさい。[知]

　(1)　y が x に比例し，$x=2$ のとき $y=-14$ である。

　(2)　y が x に反比例し，$x=-5$ のとき $y=8$ である。

❷	点/10点（各5点）
(1)	
(2)	

❸ 次の 3 点を結んでできる三角形の面積を求めなさい。ただし，座標の 1 めもりを 1 cm とします。[考]

　(1)　O (0，0)　　A (3，0)　　B (5，4)

点UP (2)　C (0，2)　　D (0，−3)　　E (−4，−2)

❸	点/10点（各5点）
(1)	
(2)	

❹ 次の関数のグラフをかきなさい。[知]

　(1)　$y=\dfrac{1}{3}x$　　　(2)　$y=-\dfrac{3}{5}x$　　　(3)　$y=-\dfrac{12}{x}$

❹	点/15点（各5点）
左の図にかきなさい。

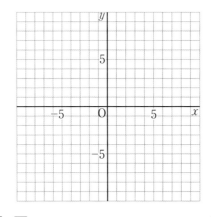

　成績評価の観点　[知]…数量や図形などについての知識・技能　[考]…数学的な思考・判断・表現

⑤ 下の図の(1)は比例のグラフ，(2)は反比例のグラフです。グラフが(1)，(2)になる比例，反比例の式をそれぞれ求めなさい。 知

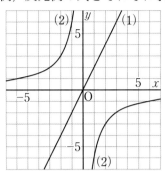

⑥ 右の図のような長方形 ABCD の辺 BC 上に点 P があり，BP の長さを x cm，三角形 ABP の面積を y cm² とします。
ただし，P が B に一致するとき，$y=0$ とします。 考

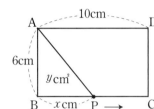

(1)　y を x の式で表しなさい。

(2)　x の変域を不等式で表しなさい。

(3)　y の変域を不等式で表しなさい。

(4)　$y=21$ となる x の値を求めなさい。

⑦ 右の図のように，比例 $y=ax$ のグラフと反比例 $y=-\dfrac{24}{x}$ のグラフが点 A で交わっています。点 A の x 座標が -6 のとき，次の問いに答えなさい。 考

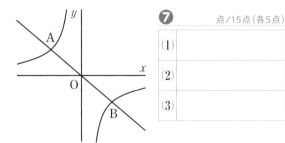

(1)　点 A の y 座標を求めなさい。

(2)　a の値を求めなさい。

(3)　点 B の座標を求めなさい。

教科書のまとめ 〈4章 比例と反比例〉

●関数

x の値が1つに決まると，それに対応して y の値がただ1つ決まるとき，y は x の関数であるという。

●変数，変域，定数

・いろいろな値をとる文字のことを**変数**という。変数のとりうる値の範囲を，その変数の**変域**という。

・一定の数やそれを表す文字のことを**定数**という。

●比例

y が x の関数で，$y=ax(a \neq 0)$ と表されるとき，y は x に**比例する**といい，a を**比例定数**という。

(例) y が x の関数で，$y=-5x$ と表されるとき，y は x に比例する。比例定数は -5 である。

●反比例

y が x の関数で，$y=\dfrac{a}{x}(a \neq 0)$ と表されるとき，y は x に**反比例する**といい，a を**比例定数**という。

(例) y が x の関数で，$y=\dfrac{7}{x}$ と表されるとき，y は x に反比例する。比例定数は，7 である。

反比例 $y=\dfrac{a}{x}$ では，積 xy は一定であり，その値は比例定数 a に等しい。

●座標

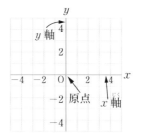

点 O で垂直に交わる2つの数直線を考えるとき，横の数直線を x **軸**，縦の数直線を y **軸**，x 軸と y 軸を合わせて**座標軸**，座標軸の交点 O を**原点**という。

●比例のグラフ

比例 $y=ax$ のグラフは，原点を通る直線である。

$a>0$ のとき $a<0$ のとき

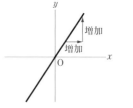 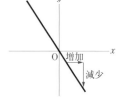

●反比例のグラフ

反比例 $y=\dfrac{a}{x}$ のグラフは，次のような双曲線である。

$a>0$ のとき $a<0$ のとき

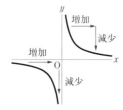 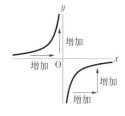

ぴたトレ
0
スタートアップ

5章　平面図形

次の学習に
入る前に
取り組もう。

□**線対称な図形の性質**　　　　　　　　　　　　　　　◀ 小学 6 年
・対応する 2 点を結ぶ直線は，対称の軸と垂直に交わります。
・その交わる点から，対応する 2 点までの長さは等しくなります。

□**点対称な図形の性質**　　　　　　　　　　　　　　　◀ 小学 6 年
・対応する 2 点を結ぶ直線は，対称の中心を通ります。
・対称の中心から，対応する 2 点までの長さは等しくなります。

❶ 右の図は，線対称な図形で
す。次の問いに答えなさい。

(1)　対称の軸を図にかき入
れなさい。

(2)　点 B と D を結ぶ直線
BD と，対称の軸とは，
どのように交わってい
ますか。

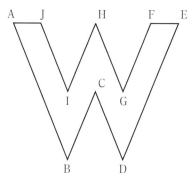

◀ 小学 6 年〈対称な図形〉

ヒント
2 つに折ると，両側
がぴったりと重なる
から……

(3)　直線 AH の長さが 3 cm のとき，直線 EH の長さは何 cm に
なりますか。

❷ 右の図は，点対称な図形で
す。次の問いに答えなさい。

(1)　対称の中心 O を図に
かき入れなさい。

(2)　点 B に対応する点は
どれですか。

(3)　右の図のように，辺
AB 上に点 P がありま
す。この点 P に対応
する点 Q を図にかき
入れなさい。

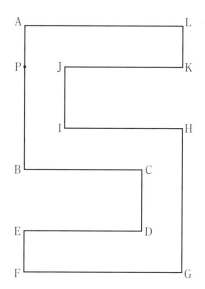

◀ 小学 6 年〈対称な図形〉

ヒント
対応する点を結ぶ直
線をかくと……

5
章

●直線と線分

教科書 p.158〜159

例題 **1**
右の図について答えなさい。 ▶▶**1** **2**

(1) 点 A から点 B までの線を何といいますか。

(2) 点 B から点 A の方向に限りなくのびた線を何といいますか。

A ● ● B

考え方 線の種類と性質を区別します。

答え (1) 両端のある線であるから，
| ① |

AB という。

(2) 点 A の方向にのびているから，半直線
| ② |
という。

> **プラスワン** 直線と線分
>
> 2 点 A，B を通る，両方向に限りなくのびた
> まっすぐな線を<u>直線</u> AB といいます。
> 直線 AB のうち，点 A から点 B までの部分
> を<u>線分</u> AB，点 A から点 B の方向へ限りなく
> のびた部分を<u>半直線</u> AB といいます。

教科書 p.159

例題 **2**
次の(1)，(2)が表しているのは，右の図の⑦〜⑦のどれ
ですか。 ▶▶**3**

(1) ∠DBC (2) ∠ABC

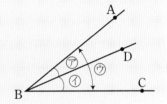

考え方 ∠の記号のあとの 3 つの文字がつくる図形が角です。

答え (1) 半直線 BD，BC がつくる角は
| ① |

(2) 半直線 BA，BC がつくる角は
| ② |

> **プラスワン** 角の表し方
>
> 上の図のような，半直線 BA，
> BC によってできる角を ∠ABC
> と表し，「角 ABC」と読みます。

● 2 直線の関係

教科書 p.160〜161

例題 **3**
右の図の正方形について，◯◯にあてはまる記号を答
えなさい。 ▶▶**4**

AB ◯ DC AB ◯ AD

考え方 垂直を表す記号は ⊥，平行を表す記号は ∥ と表します。

答え 向かい合った辺は平行であるから

AB | ① | DC

となりあった辺は垂直であるから

AB | ② | AD

> **プラスワン** 点と直線との距離
>
>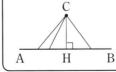
>
> 2 直線が垂直に交わるとき，一方
> の直線を他方の<u>垂線</u>といいます。
> 線分 CH の長さを，点 C と直線
> AB との<u>距離</u>といいます。

1 【直線と線分】下の図の点 A〜D について，次の図形をそれぞれかきなさい。

教科書 p.159

□(1)　直線 BC

□(2)　線分 AD

□(3)　半直線 CD

□(4)　半直線 BD

A

D

B

C

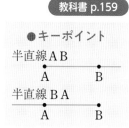

●キーポイント

半直線 A B

　A　　B

半直線 B A

　A　　B

2 【直線と距離】右の図について答えなさい。ただし，方眼の1めもりは1cmとします。　教科書 p.159

□(1)　点 B と点 D の距離を求めなさい。

□(2)　点 E と直線 ℓ の距離を求めなさい。

□(3)　直線 ℓ との距離が 2cm である直線をかきなさい。

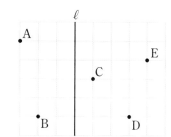

3 【角の表し方】右の図の三角形 ABC において，大きさが等しい2つの角を，角の記号を使って等式の形で表しなさい。

教科書 p.159

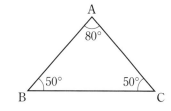

4 【2直線の関係】AB＝4cm，AD＝9cm の長方形 ABCD について，次の問いに答えなさい。

教科書 p.160〜161

□(1)　垂直である辺の組を記号⊥を使って表しなさい。

□(2)　平行である辺の組を記号∥を使って表しなさい。

□(3)　点 B と辺 CD の距離を求めなさい。

□(4)　辺 AD と辺 BC の距離を求めなさい。

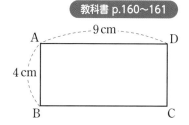

例題の答え **1** ①線分　②BA　**2** ①⑦　②⑦　**3** ①∥　②⊥

●平行移動

教科書 p.162〜166

例題 1　右の図の △A′B′C′ は，△ABC を矢印の方向に矢印の長さ
だけ平行移動したものです。
次の空らんをうめて，式を完成させなさい。　▶▶**1** **3**

$AA′ /\!/ BB′ /\!/$ ☐

$AA′ = BB′ =$ ☐

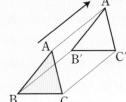

考え方　対応する 2 点を結ぶ線分の性質を考えます。

答え　対応する 2 点を結ぶ線分は，どれも平行で
長さが等しいから

$$AA′ /\!/ BB′ /\!/ \boxed{①\qquad}$$

$$AA′ = BB′ = \boxed{②\qquad}$$

プラスワン　**移動**

図形を，その形と大きさを変えずにほかの
位置に動かすことを**移動**といいます。

●回転移動

教科書 p.162〜166

例題 2　右の図の △A′OB′ は，△AOB を，点 O を回転の中心にして，
時計の針の回転と反対方向に 90° 回転移動させたものです。
∠BOB′ の大きさを求めなさい。　▶▶**3**

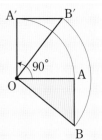

考え方　∠AOA′ = ∠BOB′ となります。

答え　回転の中心と対応する 2 点をそれぞれ結んで
できる角はすべて等しくなるから

$$∠BOB′ = ∠AOA′ = \boxed{\qquad}°$$

プラスワン　**点対称移動**

180° の回転移動を**点対称移動**といいます。

●対称移動

教科書 p.162〜166

例題 3　右の図の △A′B′C′ は，△ABC を直線 ℓ を対称の軸として
対称移動したものである。直線 ℓ と線分 BB′ の関係を記
号を使って表しなさい。　▶▶**2** **3**

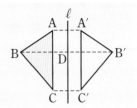

考え方　BB′ は直線 ℓ によって垂直に 2 等分されます。

答え　垂直であることから ℓ $\boxed{①\qquad}$ BB′　2 等分されることから BD = $\boxed{②\qquad}$

1 【平行移動】下の図の △ABC を，矢印 PQ の方向に線分 PQ の長さだけ平行移動させた
□ △A′B′C′ をかきなさい。 教科書 p.164 問 3

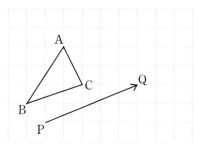

●キーポイント
定規とコンパスを使い，
AA′∥BB′∥CC′，
AA′＝BB′＝CC′
となるように，点 A′，
B′，C′ を決めます。

2 【対称移動】下の図の △ABC を，直線 ℓ を対称の軸として対称移動させた △A′B′C′ をか
□ きなさい。 教科書 p.165 問 7

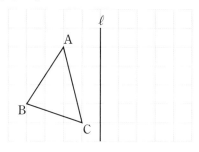

3 【図形の移動】下の図のア，イ，ウ，エは，合同な正三角形です。 教科書 p.166 問 8

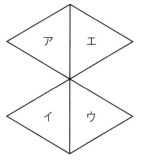

●キーポイント
平行移動，回転移動，
対称移動を組み合わせ
ると，図形をいろいろ
な位置に移動させるこ
とができます。

□(1) 図形アを平行移動して重なる図形は，イ，ウ，エのうちのど
れですか。

□(2) 図形エを点対称移動して重なる図形は，ア，イ，ウのうちの
どれですか。
また，そのときの回転の中心 O を図にかき入れなさい。

□(3) 図形イは，対称移動で図形アに重ねることができます。
そのときの対称の軸となる直線 ℓ を図にかき入れなさい。

5
章

教科書
162
〜
166
ページ

───────────────────────────────

例題の答え **1** ①CC′ ②CC′ **2** 90 **3** ①⊥ ②B′D

よく
出る

1 次の空らんをうめて，文を完成させなさい。

□(1)　直線の一部分で両端のあるものを ▢ といいます。

□(2)　2直線 AB，CD が垂直に交わるとき，記号を使って AB ▢ CD と表します。

□(3)　平面上の交わらない2直線は ▢ です。2直線 AB，CD が平行であるとき，記号を使って AB ▢ CD と表します。

□(4)　図形を，一定の方向に一定の距離だけずらすことを ▢ といいます。

□(5)　図形を，ある直線 ℓ を折り目として折り返すことを，直線 ℓ を軸とする ▢ といい，この直線 ℓ を ▢ といいます。

2 次の図について，赤色の線の名前を答えなさい。

□(1)　　　　　　　　　□(2)　　　　　　　　　□(3)

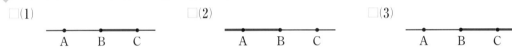

3 右の図で，∠XOY＝90°，半直線 OP，OQ は ∠XOY を3等分しています。次の問いに答えなさい。

□(1)　図には，いくつかの角があります。すべての角を記号を使って表しなさい。

□(2)　(1)で求めたすべての角の和を求めなさい。

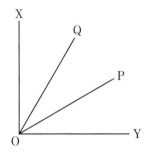

4 直線 ℓ 上に2点 A，B をとり，AB＝1 cm とします。半直線 BA 上に，線分 AC の長さが線分 AB の長さの3倍になるように点 C をとり，また，半直線 AB 上に，線分 BD の長さが線分 AB の長さと等しくなるように点 D をとります。このとき，線分 CD の長さを求めなさい。

ヒント　**3** 角は，1点を端とする2つの半直線によってつくられる図形。
　　　　4 最初に問題文の点の位置関係を図に表してから，長さを考える。

定期テスト
予報

●新しく学習した数学用語の意味を理解し，記号の使い方に慣れよう。
ことばや記号を書かせる穴うめ問題や，いくつかの移動を組み合わせた移動の問題がよく出題されるよ。用語や記号は正確に覚えること。移動の問題では移動前と後の図形の向きに注目しよう。

5 右の図の △ABC を，次の①→②→③の順で移動させた図をそれぞれかきなさい。

□① 矢印 PQ の方向に，線分 PQ の長さだけ移動させた △DEF

□② △DEF を点 O を回転の中心にして，時計の針の回転と反対方向に 270° 回転移動させた △GHI

□③ △GHI を直線 ℓ を軸として対称移動させた △JKL

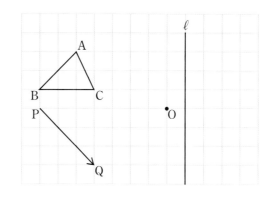

よく出る **6** 右の図は，正方形を 8 つの合同な直角二等辺三角形に分けたものです。次の移動で重なる三角形を，それぞれ答えなさい。

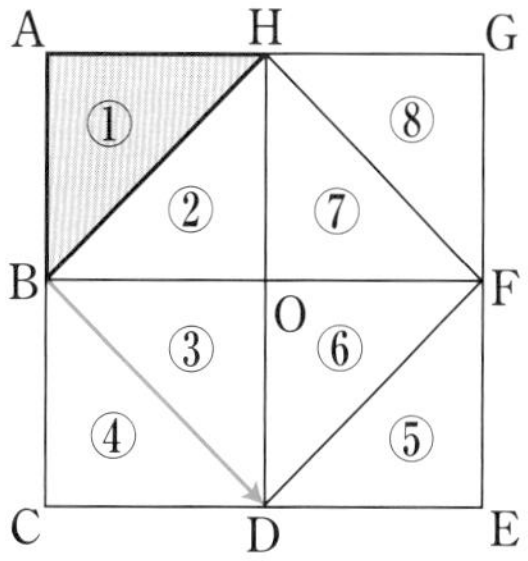

□(1) 三角形①を，矢印 BD の方向に，線分 BD の長さだけ平行移動して重なる三角形

□(2) 三角形①を，点 O を回転の中心にして，時計の針の回転と反対方向に 180° 回転移動して重なる三角形

□(3) 三角形①を，直線 HD を対称の軸として対称移動して重なる三角形

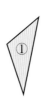

よく出る **7** 右の図において，三角形②は，直線 ℓ を対称の軸として三角形①を対称移動したものです。また，三角形③は，直線 m を対称の軸として三角形②を対称移動したものです。
三角形①は，1 回の移動で三角形③に重ねることができます。それはどのような移動であるか答えなさい。

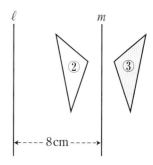

ヒント **6** 図形の向きは，平行移動では同じ，対称移動では反対になる。
7 三角形①と③は同じ向きに並んでいる。

5章 教科書158～167ページ

解答▶▶ p.33～34

●垂直二等分線

教科書 p.168〜171

 例題1 線分 AB の垂直二等分線 PQ の作図のしかたを説明しなさい。　▶▶**1**

A────────B

答え ① 点 A を中心とする適当な半径の円をかく。

② 点 [　　　] を中心として，①と同じ半径の円をかき，2 つの円の交点を C，D とする。

③ 直線 CD をひく。

> **プラスワン**　**垂直二等分線**
>
> 線分 AB 上の点で，2 点 A，B から等しい距離にある点を，線分 AB の中点といいます。
>
> 線分 AB の中点を M とすると，$AM = BM = \dfrac{1}{2}AB$
>
> M を通り，線分 AB に垂直な直線を，線分 AB の垂直二等分線といいます。

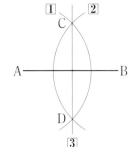

●角の二等分線

教科書 p.172〜173

例題2 右の図の ∠AOB の二等分線の作図のしかたを説明しなさい。　▶▶**2**

答え ① 点 O を中心とする適当な半径の円をかき，半直線 OA，OB との交点をそれぞれ C，D とする。

② 2 点 C，[　　　] をそれぞれ中心として，同じ半径の円をかき，2 つの円の交点の 1 つを E とする。

③ 半直線 OE をひく。

> **プラスワン**　**角の二等分線**
>
> ∠AOB の二等分線 ℓ 上の点は，半直線 OA，OB から等しい距離にあります。
> また，∠AOB の半直線 OA，OB までの距離が等しい点 P は，∠AOB の二等分線上にあります。

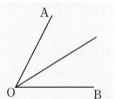

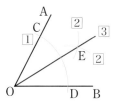

> 角の二等分線の作図は，対角線の性質を利用しています。

1 【垂直二等分線】次の図において，線分 AB の垂直二等分線を作図しなさい。

□(1)

教科書 p.171 問 1

⚠ **ミスに注意**
作図でかいた線は，消
さずに残しておきま
しょう。

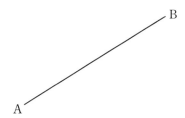

□(2)

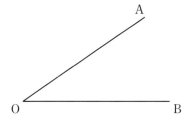

2 【角の二等分線】次の図において，∠AOB の二等分線を作図しなさい。 教科書 p.173 問 2

□(1)

□(2)

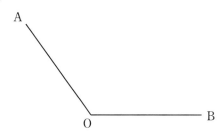

例題の答え **1** B **2** D

5章　平面図形
② 作図
1 作図の基本—(2)／③ 円
1 円

●垂線

教科書 p.174〜176

例題
1
直線 ℓ 上にない点 P を通る垂線の作図のしかたを説明しな
さい。　　　　　　　　　　　　　　　　　　　▶▶**1**

•P
ℓ ——————

答え
① 点 P を中心とする適当な半径の円をかき，直線 ℓ との交
　点を A，B とする。
② 2点 A，B をそれぞれ中心として，同じ半径の円をかき，
　2つの円の交点の1つを Q とする。
③ 直線 [　　　] をひく。

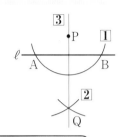

プラスワン　**直線 ℓ 上にない点 P を通る垂線の作図（別解）**

① 直線 ℓ 上に適当な点 A をとり，点 A を中心とする半径 AP の円をかく。
② 直線 ℓ 上に適当な点 B をとり，点 B を中心とする半径 BP の円をかく。
　2つの円の交点のうち，P でない点を Q とする。
③ 直線 PQ をひく。

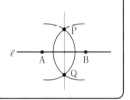

●円

教科書 p.178〜181

例題
2
右の図において，点 P が接点となるような円 O の接線
の作図のしかたを説明しなさい。　　　　　　▶▶**23**

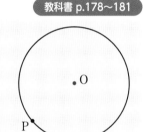

考え方　点 P における接線は，半径 OP に垂直です。

答え
① 直線 OP をひく。
② 点 [①　　　] を中心とする円をかき，直線 OP と
　の交点を A，B とする。
③ 点 A，B をそれぞれ中心とする同じ [②　　　] の
　円をかき，その交点の1つを C とする。
④ 直線 [③　　　] をひく。

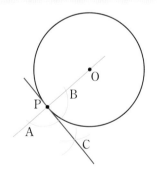

プラスワン　**円の接線**

円と直線が1点だけを共有するとき，円と直線は**接する**といい，
接する直線を**接線**，共有する点を**接点**といいます。

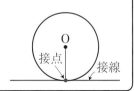

1 【垂線】次の図において，点 P を通る直線 ℓ の垂線をそれぞれ作図しなさい。

教科書 p.175 問 3

□(1)

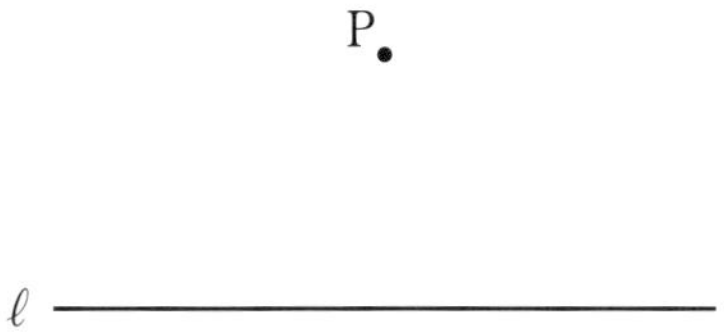

P·

ℓ ────────

□(2)

ℓ ──────── P· ────────

2 【円の弦の性質】右の図は円の一部です。

□ 作図によって円の中心 O を求め，円を
完成させなさい。 教科書 p.179 問 1

●キーポイント

円の弦の垂直二等分線
は，円の対称の軸とな
り，円の中心を通りま
す。

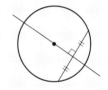

3 【円の接線】右の図において，点 P が
□ 接点となるような円 O の接線を作図
しなさい。 教科書 p.181 問 3

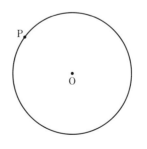

●キーポイント

円の接線は，接点を通
る半径に垂直です。

例題の答え **1** PQ **2** ①P ②半径 ③CP（PC）

次の大きさの角を作図しなさい。

(1)　∠AOB＝90°

(2)　∠AOC＝60°

(3)　∠AOD＝30°

O ———————————— A

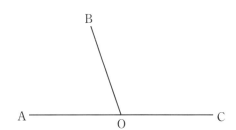

よく出る 2 右の図において，次の問いに答えなさい。

(1)　∠AOB の二等分線 OP を作図しなさい。

(2)　∠BOC の二等分線 OQ を作図しなさい。

(3)　(1)，(2)で求めた点 P，Q について，
　　　∠POQ の大きさを求めなさい。

よく出る 3 右の図の △ABC について，辺 BC を底辺と
みたときの高さ AH を作図しなさい。

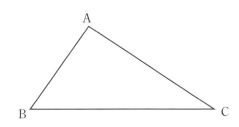

4 右の図において，円の直径を作図しなさい。

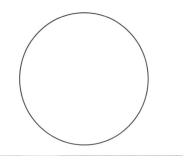

ヒント
1 (2)正三角形の１つの角の大きさが 60° であることを利用する。
4 円の直径は中心を通ることから考える。

100

●基本の作図は手順をしっかり覚えて，ていねいに作図しよう。作図に使った線は残しておこう。垂直二等分線と角の二等分線の性質を利用した作図は必ず出題されるよ。ほかの図形の性質と組み合わせた応用範囲も広いから，基礎を固めておくことが大切だ。

 5 右の図において，線分 AB 上に中心があり，2点 B，C を通る円を作図しなさい。

.C

A———————————B

 6 右の図において，点 A で直線 ℓ に接し，点 B を通る円を作図しなさい。

B•

ℓ————————————
         A

7 右の図において，3つの線分すべてに接するような円の中心 O を作図によって求めなさい。

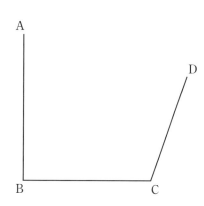

A

D

B   C

ヒント　5 求める円の中心は，線分 BC の垂直二等分線上にある。

6 求める円の中心は，点 A を通る直線 ℓ の垂線上にある。

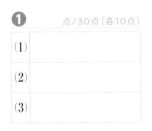
❶ 下の図は，正方形を 8 つの合同な直角二等辺三角形に分けたものです。（(1)(2)[知](3)[考]）

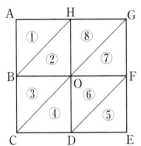

❶　　　　　　　　点／30点（各10点）

(1)	
(2)	
(3)	

(1)　三角形②を平行移動して，ちょうど重なる三角形をすべて答えなさい。

(2)　三角形②を，点 O を回転の中心にして回転移動して，ちょうど重なる三角形を答えなさい。

点UP (3)　三角形③を対称(たいしょう)移動して⑧に重ねるときの対称の軸(じく)を答えなさい。

❷ 右の図の △ABC において，次の図形を作図しなさい。[知]

(1)　辺 AB の垂直二等分線

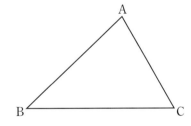

❷　　　　　　　　点／20点（各10点）

(1) 左の図に作図しなさい。
(2) 左の図に作図しなさい。

(2)　辺 BC 上に中心があり，
　　 2 点 A，B を通る円

　[成績評価の観点]　[知]…数量や図形などについての知識・技能　　[考]…数学的な思考・判断・表現

❸ 下の図のように，∠AOB の辺 OB 上に点 C があります。
点 C で OB に接し，さらに，辺 OA にも接する円を作図しましょう。 考

点/15点
左の図に作図しなさい。

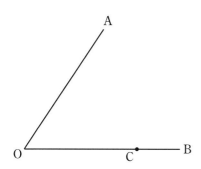

❹ 右の図の長方形 ABCD を，
点 A が点 C に重なるように
折り曲げます。このとき，折
り目の線を作図しなさい。 考

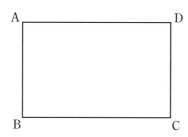

点/15点
左の図に作図しなさい。

❺ 下の図において，直線 ℓ 上に点 P をとり，AP＋BP がもっとも
短くなるようにするとき，点 P を作図しなさい。 考

点/20点
左の図に作図しなさい。

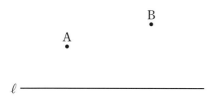

知 　　　 /40点　 考 　　　 /60点

● 直線と線分

A ——— B 直線 AB

A ——— B 線分 AB

A ——— B 半直線 AB

● 図形の移動

・平行移動　　　・回転移動

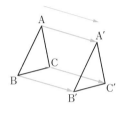
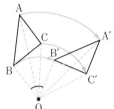

・対称移動

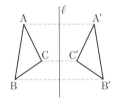

● 作図

・垂直二等分線

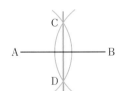

・角の二等分線

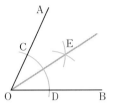

・垂線

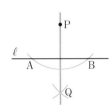
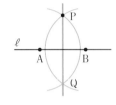

● 円の弦の性質

円の弦の垂直二等分線は，円の対称の軸となり，円の中心を通る。

● 円の接線の性質

円の接線は，接点を通る半径に垂直である。

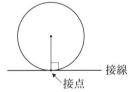

接線

接点

□ **見取図と展開図**　　　　　　　　　　　　　　　　◀ 小学5年

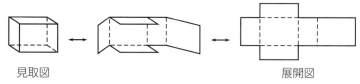

見取図　　　　　　　　　　　　　　　　　　展開図

□ **角柱，円柱の体積の公式**　　　　　　　　　　　◀ 小学6年

角柱の体積＝底面積×高さ　　　円柱の体積＝底面積×高さ

❶ 次の展開図からできる立体の名前を答えなさい。　◀ 小学5年〈角柱と円柱〉

(1) 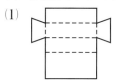　　(2)

ヒント

(2)三角形を底面と考
えると……

❷ 右の展開図を組み立てて，
立方体をつくります。

(1)　辺 EF と重なる辺はど
れですか。

(2)　頂点 E と重なる頂点
をすべて答えなさい。

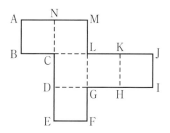

◀ 小学4年〈直方体と立
方体〉

ヒント

例 え ば CDGL を底
面と考えて，組み立
てると……

❸ 次の立体の体積を求めなさい。ただし，円周率を 3.14 とします。　◀ 小学6年〈立体の体積〉

(1)　直方体　　　　　　　(2)　三角柱

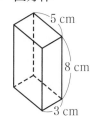

5 cm
8 cm
3 cm

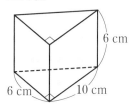

6 cm
6 cm　10 cm

ヒント

底面はどこか考える
と……

(3)　円柱　　　　　　　　(4)　円柱

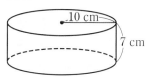

10 cm
7 cm

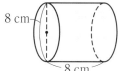

8 cm
8 cm

6
章

●いろいろな立体

教科書 p.188〜191

例題 **1** 下の⑦〜⑨の立体の名前を答えなさい。　　　　　▶▶**1**

⑦ 　　　⑦ 　　　⑦　どの面も合同な正三角形

考え方 ⑴，⑵は底面の形に着目します。

⑶は面の数に着目します。

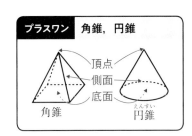

プラスワン　角錐，円錐

頂点
側面
底面

角錐　　　円錐

答え ⑴ ［①　　　　　　］←底面が四角形

⑵ ［②　　　　　］←底面が円

⑶ ［③　　　　　　　　］←面の数が４つの正多面体

●直線や平面の位置関係

教科書 p.192〜195

例題 **2** 右の図の三角柱の各辺を延長した直線について，次の位置
関係にある直線を答えなさい。　　▶▶**2 3**

⑴　直線 AB と平行な直線

⑵　直線 AB とねじれの位置にある直線

⑶　平面 P と平行な直線　　　⑷　平面 P 上にある直線

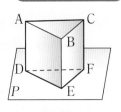

考え方 ⑵　直線 AB と平行でなく，交わらない位置にある直線がねじれの位置にある直線です。

答え ⑴　直線 ［①　　　　　］　　　⑵　直線CF，直線DF，直線 ［②　　　　　］

⑶　直線 AB，直線 BC，直線 ［③　　　　　］

⑷　直線 DE，直線 ［④　　　　］，直線 DF

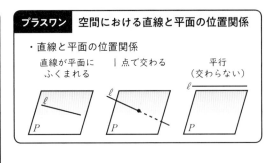

プラスワン　空間における２直線の位置関係

・２直線の位置関係

同じ平面上にある　　　　　同じ平面上に
ない

平行　　　　　ねじれの位置

１点で
交わる　　　　　交わらない

プラスワン　空間における直線と平面の位置関係

・直線と平面の位置関係

直線が平面に　　　１点で交わる　　　平行
ふくまれる　　　　　　　　　　　　（交わらない）

よく出る **1** 【いろいろな立体】次の立体を，下の ___ からすべて選び，記号で答えなさい。

教科書 p.188〜191

□(1) 正三角形だけで囲まれた立体

□(2) 三角形と四角形で囲まれた立体

□(3) 平面と曲面で囲まれた立体

⊕**キーポイント**

底面が正三角形，正方形，…の角柱を正三角柱，正四角柱，…といいます。底面が正三角形，正方形，…で，側面が合同な二等辺三角形である角錐を正三角錐，正四角錐，…といいます。

> ⑦ 立方体 ⑦ 三角柱 ⑦ 円柱 ⑦ 正四面体
> ⑦ 四角錐 ⑦ 円錐 ⑦ 正五角柱 ⑦ 正八面体

2 【平面の決定】次のような平面はいくつありますか。下の⑦〜⑦から選びなさい。

教科書 p.193

□(1) 同じ直線上にない3点をふくむ平面　　□(2) 1つの直線をふくむ平面

□(3) 交わる2直線をふくむ平面　　　　□(4) 平行な2直線をふくむ平面

> ⑦ ない ⑦ 1つ ⑦ 2つ ⑦ 3つ ⑦ 無数

絶対理解 **3** 【直線と平面の位置関係】右の図の三角柱について，次の問いに答えなさい。

教科書 p.194〜195

(1) 次の位置関係にある図形をすべて答えなさい。
□① 直線 AB とねじれの位置にある直線

□② 直線 BE と平行な直線

□③ 直線 AD と垂直な面

□④ 平面 BEFC に平行な直線

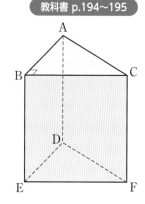

(2) 次の図形の位置関係を答えなさい。
□① 直線 ED と直線 AC　　　□② 直線 DF と直線 AC

6 章

教科書 188〜195 ページ

例題の答え **1** ①四角錐　②円錐　③正四面体 **2** ①DE（ED）②EF（FE）③AC（CA）④EF（FE）

● 2平面の位置関係

教科書 p.196〜197

例題 1　右の図の三角柱において，面を平面とみるとき，次のような平面を答えなさい。 ▶▶ **1** **2**

(1)　平面 ABC と平行な平面

(2)　平面 ADFC と垂直な平面

考え方　(1)　平面 ABC と交わらない平面です。

(2)　平面 ADFC に垂直な直線をふくむ平面です。

答え　(1)　面 ［①　　　　　］　←三角柱の2つの底面は平行

(2)　AD⊥AB，AD⊥AC より，　角柱の側面は，長方形や正方形です。

AD⊥平面 ABC である。

平面 ADFC は直線 AD をふくんで

いるから，平面 ADFC に垂直な平面は，

平面 ［②　　　　　］

同様に考えて，平面 ADFC と垂直な平面は平面 ［③　　　　　］　←直線 DE と直線 DF をふくむ平面

> **プラスワン** 2平面の位置関係
>
> ・2平面の位置関係
>
>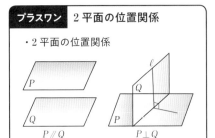
>
> P∥Q　　　P⊥Q

● 点と平面の距離，2平面の距離

教科書 p.198

例題 2　右の図は，直方体の一部分を切り取ってつくった三角錐です。次の高さを求めなさい。 ▶▶ **2**

(1)　底面を △ABC としたときの高さ

(2)　底面を △BFC としたときの高さ

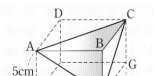

考え方　(1)　線分 BF と平面 ABC は垂直です。

答え　(1)　線分 BF の長さで表されるから　［①　　　　　］ cm

(2)　線分 AB の長さで表されるから　［②　　　　　］ cm

> **プラスワン** 点と平面の距離
>
> 平面 P 上にない点 A と P 上の点 H において，AH⊥P となるとき，線分 AH の長さを，点 A と平面 P との距離といいます。

> **プラスワン** 2平面の距離
>
> 平行な2平面 P，Q において，平面 P 上の点 A と平面 Q との距離は一定です。このときの距離を，2平面 P，Q 間の距離といいます。

1 【2平面の位置関係】右の図の四角柱について，次のような平面をすべて答えなさい。 教科書 p.196 問5

□(1) 平面 ABCD に平行な平面

□(2) 平面 ABCD に垂直な平面

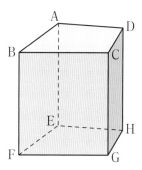

 2 【点と平面の距離，2平面の距離】右の図の三角柱について，次の問いに答えなさい。 教科書 p.196~198

(1) 次の図形の位置関係を答えなさい。

□① 直線 EF と平面 ABED

□② 平面 ABC と平面 DEF

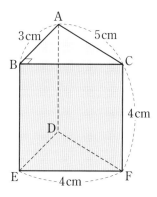

□(2) 点 F と平面 ABED との距離を求めなさい。

□(3) 平面 ABC と平面 DEF の距離を求めなさい。

例題の答え **1** ①DEF ②ABC ③DEF **2** ①5 ②9

● 回転体

教科書 p.199〜201

例題 **1**

下の図の図形を，直線 ℓ を軸として1回転させてできる回転体の名前を答えなさい。

(1) 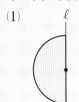　　　　(2) 　　　▶▶ **1 2**

考え方　回転体を回転の軸をふくむ平面で切ると，切り口は線対称な図形になります。

答え　(1) すべて曲面で囲まれた立体 [①　　　　] ができる。

(2) 底面が円で頂点のある立体 [②　　　　] ができる。

プラスワン　**回転体**

円柱や円錐のように，直線 ℓ を軸として，図形を1回転させてできる立体を**回転体**といい，直線 ℓ を**回転の軸**といいます。このとき，円柱や円錐の側面をえがく線分を，円柱や円錐の**母線**といいます。

● 投影図

教科書 p.202〜203

例題 **2**

右の投影図はどんな立体を表しているか答えなさい。
▶▶ **3**

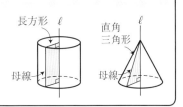

考え方　上の四角形が立面図，下の四角形が平面図です。

答え　立面図が [①　　　　] であることから，

この立体は角柱か円柱である。
また，平面図が四角形であることから，
底面が四角形の角柱であるから，

この立体は [②　　　　] である。

プラスワン　**投影図**

立体を，正面から見た図と真上から見た図で表すことがあります。
正面から見た図を**立面図**，真上から見た図を**平面図**，これらを合わせて**投影図**といいます。

絶対理解 **1** 【回転体】次の空らんをうめて，文を完成させなさい。 教科書 p.200 問 3

□(1) 右の図の三角形 ABC を，直線 ℓ を軸として 1 回転させてできる立体を [　　　] という。

また，側面をえがく線分 AB を [　　　] という。

□(2) (1)でできた立体を，回転の軸をふくむ平面で切ると，その切り口は [　　　] になる。

また，回転の軸に垂直な平面で切ると，その切り口は [　　　] になる。

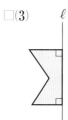

よく出る **2** 【回転体】次の図の図形を，直線 ℓ を軸として 1 回転させてできる回転体の見取図をかきなさい。 教科書 p.201 問 5

□(1)　　　□(2)　　　□(3)

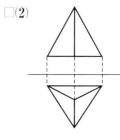

絶対理解 **3** 【投影図】次の投影図はどんな立体を表しているか答えなさい。 教科書 p.203 問 7

□(1)　　　　　　　　　□(2)

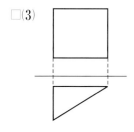

□(3)　　　　　　　　　□(4)

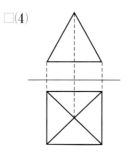

●キーポイント
角柱や円柱の立面図は長方形に，角錐や円錐の立面図は三角形になります。
平面図には底面の形が表されています。

6 章

教科書 199 〜 203 ページ

例題の答え **1** ①球　②円錐　**2** ①長方形　②四角柱

1 次の立体の頂点の数，面の数を答えなさい。

 □(1) 三角錐 □(2) 正八面体

 □(3) 五角柱

2 1つの平面上にない4点 A，B，C，D があります。また，この4点はどの3点も同じ直線上にないものとします。

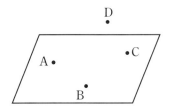

 □(1) 2点 A，B をふくむ平面は，ただ1つに決まりますか。

 □(2) 4点 A，B，C，D のうち，3点をふくむ平面はいくつできますか。

 3 右の図の正六角柱について答えなさい。

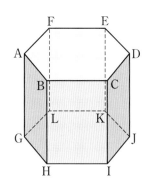

 □(1) 直線 AB と平行な直線をすべて答えなさい。

 □(2) 直線 AG とねじれの位置にある直線をすべて答えなさい。

 □(3) 平面 ABCDEF に平行な直線をすべて答えなさい。

 □(4) 平面 CIJD に平行な平面を答えなさい。

 □(5) 平面 GHIJKL に垂直な平面をすべて答えなさい。

 □(6) 平面 AGHB と平面 AGLF がつくる角の大きさを求めなさい。

ヒント **2** 平面は，同じ直線上にない3点が決まれば1つに決まる。
   3 (6)正六角形の1つの角の大きさは120°である。

●直線や平面の位置関係をしっかり理解しておこう。鉛筆や下敷を使うとわかりやすいよ。
直線や面の位置関係は，これから空間図形を扱う中での基本となる。テストでも必ず出題される
重要単元だ。頭の中で考えられるように，定義をしっかり覚え，くり返し練習して身につけよう。

4 次の図形を，直線 ℓ を軸として 1 回転させてできる回転体の見取図をかきなさい。

□(1) 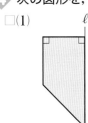　　□(2) 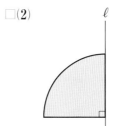　　□(3)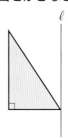

5 次の回転体は，ある平面図形を直線 ℓ を軸として 1 回転させてできたものです。回転させたもとの平面図形を下の図にかきなさい。

□(1) 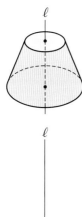　　□(2) 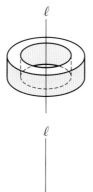　　□(3)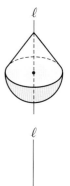

6 次の立体の投影図を完成させなさい。

□(1)　円錐 　　□(2)　三角柱 　　□(3)　四角柱

ヒント　5　回転の軸をふくむ平面で切って，切り口の形を考える。
　　　　6　実際に見える線は実線で，見えない線は破線でかく。

●角柱，円柱の体積

教科書 p.206

例題 1 次の立体の体積を求めなさい。 ▶▶**1**

(1)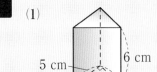

(2)

考え方 角柱や円柱の底面積を S，高さを h，体積を V とすると，$V=Sh$

答え (1) 底面が底辺が $5\,\mathrm{cm}$，高さが $4\,\mathrm{cm}$ の三角形で，高さが $6\,\mathrm{cm}$ の三角柱だから，

$$\underbrace{\frac{1}{2}\times5\times4}_{\text{底面積}}\times\underbrace{\boxed{①}}_{\text{高さ}}=\boxed{②}\qquad\qquad 答 \boxed{②}\ \mathrm{cm}^3$$

(2) 底面が半径が $3\,\mathrm{cm}$ の円で，高さが $7\,\mathrm{cm}$ の円柱だから，

$$\pi\times\underbrace{\boxed{③}^2}_{\text{底面積}}\times\underbrace{7}_{\text{高さ}}=\boxed{④}\qquad\qquad 答 \boxed{④}\ \mathrm{cm}^3$$

円の面積は πr^2

●角錐や円錐の体積

教科書 p.207

例題 2 右の円錐の体積を求めなさい。 ▶▶**2 3**

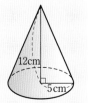

考え方 円錐の底面積を S，高さを h，体積を V とすると，$V=\frac{1}{3}Sh$

答え 底面積は $\pi\times\boxed{①}^2=25\pi\,(\mathrm{cm}^2)$

体積は $\frac{1}{3}\times25\pi\times\boxed{②}=\boxed{③}\ (\mathrm{cm}^3)$

体積の公式は
覚えておきましょう。

1 【角柱，円柱の体積】次の立体の体積を求めなさい。

教科書 p.206 問 1

□(1)

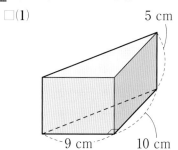

□(2)

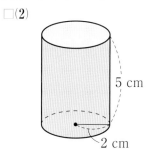

●キーポイント
体積を V，底面積を S，
高さを h とすると，
$$V = Sh$$

□(3)

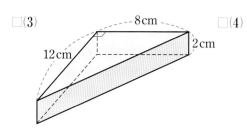

□(4)

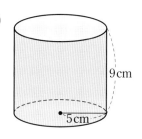

2 【角錐の体積】次の立体の体積を求めなさい。

教科書 p.207 問 2

□(1)

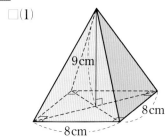

□(2)

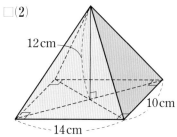

●キーポイント
体積を V，底面積を S，
高さを h とすると，
$$V = \frac{1}{3}Sh$$

3 【円錐の体積】次の立体の体積を求めなさい。

教科書 p.207 問 2

□(1)

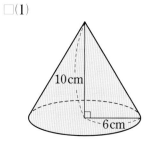

□(2)

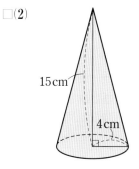

6章

教科書206〜207ページ

例題の答え **1** ①6 ②60 ③3 ④63π **2** ①5 ②12 ③100π

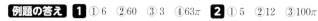

●立体の展開図

教科書 p.208〜211

例題 **1**　下の⑦〜㋏の図は，立体の展開図です。立体の名前を下のⓐ〜㋔から選び，記号で答えなさい。　▶▶**1 2**

⑦ 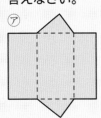　　㋑ 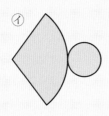　　㋒ 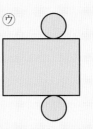　　㋓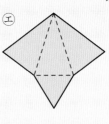

| ⓐ 三角柱 | ⓘ 四角柱 | ⓤ 円柱 | ⓔ 三角錐 | ㋔ 円錐 |

考え方　底面や側面の形を考えたり，組み立てたときに重なる点や辺を考えたりします。

答え　⑦　底面が三角形の角柱になるから　[①　　　　]

㋑　底面が円，側面がおうぎ形だから　[②　　　　]

㋒　底面が円，側面が長方形だから　[③　　　　]

㋓　底面が三角形の角錐になるから　[④　　　　]

> 底面が円のときは，
> 円柱か円錐になります。

●おうぎ形の弧の長さと面積

教科書 p.212〜215

例題 **2**　次の問いに答えなさい。　▶▶**3 4**

(1)　半径 6 cm，中心角 30° のおうぎ形の弧の長さと面積を求めなさい。

(2)　半径 8 cm，弧の長さ 6π cm のおうぎ形の中心角の大きさを求めなさい。

考え方　おうぎ形の弧の長さ，面積を求める公式を使う。

答え　(1)　弧の長さは　　$2\pi \times \boxed{①} \times \dfrac{30}{360} = \boxed{②}$ (cm)

面積は　　$\pi \times 6^2 \times \boxed{③} = \boxed{④}$ (cm²)

(2)　中心角の大きさを $x°$ とすると　　$2\pi \times 8 \times \dfrac{x}{360} = \boxed{⑤}$

これを解くと　　$x = \boxed{⑥}$　　よって　$\boxed{⑥}$°

プラスワン　おうぎ形の弧の長さと面積

半径が r，中心角が $a°$ のおうぎ形の弧の長さを ℓ，面積を S とすると

弧の長さは　　$\ell = 2\pi r \times \dfrac{a}{360}$

面積は　　　　$S = \pi r^2 \times \dfrac{a}{360}$　　　$S = \dfrac{1}{2}\ell r$

---

1 【角柱の展開図】右の図は，ある立体の展開図です。

教科書 p.208 問 1

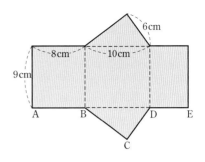

□(1)　この立体の名前を答えなさい。

□(2)　この立体の高さを求めなさい。

(3)　右の図において，次の長さを求めなさい。
□①　辺 BC　　　　　　　　□②　線分 AE

2 【円柱の展開図】右の図は，底面の半径が 5 cm，高さが 8 cm の円柱の展開図です。次の辺の長さを求めなさい。

教科書 p.208 問 2

□(1)　辺 AB

□(2)　辺 AD

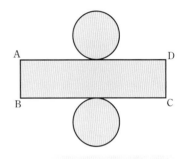

●キーポイント
円柱の展開図において，
次のことがいえます。
(側面の長方形の横の
長さ)
＝(底面の円周の長さ)

 3 【おうぎ形の弧の長さと面積】次のようなおうぎ形の弧の長さと面積を求めなさい。

教科書 p.213 例 1

□(1)

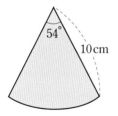

□(2)　半径 9 cm，中心角 160°

 4 【おうぎ形の弧の長さと面積】半径 6 cm，弧の長さ 4π cm のおうぎ形の中心角の大きさを求めなさい。
□

教科書 p.215 例 3

●角柱，円柱の表面積　　　　　　　　　　　　　　教科書 p.216

□ 例題 **1**　底面の円の半径が 3 cm，高さが 8 cm の円柱の表面積を求めなさい。　▶▶**1**

考え方　表面積は，展開図の面積に等しくなります。

答え　底面積は　　　　　$\pi \times 3^2 = 9\pi \,(\text{cm}^2)$

側面の長方形の横の長さは　　　$2\pi \times \boxed{①} = 6\pi \,(\text{cm})$

側面積は　　$8 \times 6\pi = \boxed{②} \,(\text{cm}^2)$

表面積は　　$9\pi \times \boxed{③} + 48\pi = \boxed{④} \,(\text{cm}^2)$

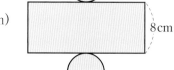

●角錐，円錐の表面積　　　　　　　　　　　　　　教科書 p.217

□ 例題 **2**　底面の円の半径が 2 cm，母線の長さが 8 cm の円錐の表面積を求めなさい。　▶▶**2**

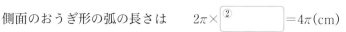

考え方　半径が r，弧の長さが ℓ のおうぎ形の面積は $\dfrac{1}{2}\ell r$ で求められることを使って側面積を求めます。

答え　底面積は　　　　$\pi \times \boxed{①}^2 = 4\pi \,(\text{cm}^2)$

側面のおうぎ形の弧の長さは　　　$2\pi \times \boxed{②} = 4\pi \,(\text{cm})$

側面積は　　$\dfrac{1}{2} \times 4\pi \times \boxed{③} = 16\pi \,(\text{cm}^2)$

表面積は　　$4\pi + \boxed{④} = \boxed{⑤} \,(\text{cm}^2)$

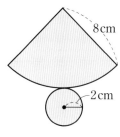

●球の体積　　　　　　　　　　　　　　　　　　　教科書 p.218

□ 例題 **3**　半径が 3 cm の球の体積を求めなさい。　▶▶**3**

考え方　半径が r の球の体積を V とすると，$V = \dfrac{4}{3}\pi r^3$

答え　$\dfrac{4}{3} \times \pi \times \boxed{①}^3 = \boxed{②}$　　　　　答 $\boxed{②}$ cm³

●球の表面積　　　　　　　　　　　　　　　　　　教科書 p.219

□ 例題 **4**　半径が 5 cm の球の表面積を求めなさい。　▶▶**4**

考え方　半径が r の球の表面積を S とすると，$S = 4\pi r^2$

答え　$4\pi \times \boxed{①}^2 = \boxed{②}$　　　　　答 $\boxed{②}$ cm²

1 【角柱，円柱の表面積】次の立体の表面積を求めなさい。

教科書 p.216 問 1,2

□(1)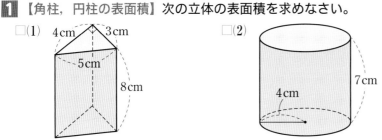

●キーポイント
展開図をかいて考える
とわかりやすいです。

□(2)

---

 2 【角錐，円錐の表面積】次の立体の表面積を求めなさい。

教科書 p.217 問 3, 問 5

□(1)

□(2)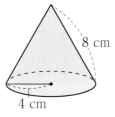

●キーポイント
(1) 側面は，底辺が
5cm，高さが
6cm の二等辺三
角形が4個ありま
す。

---

 3 【球の体積】半径が9cm の球の体積を求めなさい。

教科書 p.218 問 1

□

●キーポイント
半径が r の球の体積を
V とすると，
$$V = \frac{4}{3}\pi r^3$$

絶対
理解 **4** 【球の表面積】半径が10cm の球の表面積を求めなさい。

教科書 p.219 問 2

□

●キーポイント
半球が r の球の表面積
を S とすると，
$$S = 4\pi r^2$$

例題の答え **1** ①3 ②48π ③2 ④66π **2** ①2 ②2 ③8 ④16π ⑤20π **3** ①3 ②36π **4** ①5 ②100π

② 立体の体積と表面積　1 ～ 5

1 次の立体の表面積と体積を求めなさい。

☐(1)

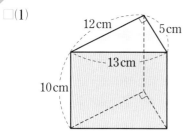

☐(2)

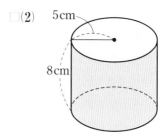

2 次の立体の体積を求めなさい。

☐(1)

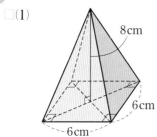

☐(2)

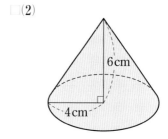

 3 右の図は，直方体から三角柱を切り取った立体です。この立体の体積を求めなさい。

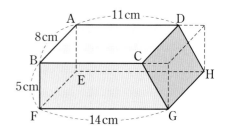

4 右の図は，底面の半径が6cmで，高さが6cmの円柱から，底面の半径が3cmで，高さが6cmの円柱をくりぬいた立体です。次の問いに答えなさい。

☐(1)　この立体の表面積を求めなさい。

☐(2)　この立体の体積を求めなさい。

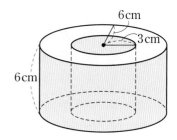

ヒント　**3** 台形の面を底面とする四角柱と考える。
　　　　4 (1)内側の側面積も忘れないようにする。

5 右の図は，底面の半径が 3 cm，高さが 5 cm の円柱と，半径が 3 cm の半球を組み合わせた立体です。

□(1) この立体の表面積を求めなさい。

□(2) この立体の体積を求めなさい。

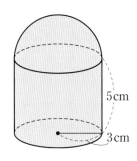

6 右の図のように，1 辺が 3 cm の立方体を点 B，D，G をふくむ平面で切って，点 A をふくむ立体と点 C をふくむ立体の 2 つに分けました。次の問いに答えなさい。

□(1) 点 A をふくむ立体の体積を求めなさい。

□(2) 点 A をふくむ立体と，点 C をふくむ立体の表面積の差を求めなさい。

7 右の図のような直角三角形を，直線 ℓ を軸として 1 回転させてできる回転体について答えなさい。

□(1) 見取図をかきなさい。

□(2) 体積を求めなさい。

□(3) 展開図のおうぎ形の中心角の大きさを求めなさい。

□(4) 表面積を求めなさい。

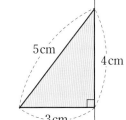

6 章　教科書 206〜220 ページ

 ヒント　**6** (1)点 C をふくむ立体は，△BCD を底面，CG を高さとする三角錐である。
7 底面の半径が 3 cm，高さが 4 cm，母線の長さが 5 cm の円錐ができる。

6章　空間図形

時間
30分
／100点

合格
70
点

❶ 空間内に異なる3直線 ℓ, m, n, 異なる2平面 P, Q があります。次の⑴〜⑷について，つねに正しいものには○を，正しくないものには×を書きなさい。知

⑴ $\ell /\!/ m$, $m /\!/ n$　ならば　$\ell /\!/ n$

⑵ $\ell /\!/ P$, $m /\!/ P$　ならば　$\ell /\!/ m$

⑶ $\ell \perp P$, $m \perp P$　ならば　$\ell /\!/ m$

⑷ $\ell /\!/ P$, $P \perp Q$　ならば　$\ell /\!/ Q$

❶	点/24点（各6点）
(1)	
(2)	
(3)	
(4)	

❷ 下の図は，立方体の展開図です。この展開図を組み立てて立方体をつくるとき，次のようになる面をすべて答えなさい。知

⑴ 面**ウ**と垂直になる面

点UP ⑵ 辺 AD と垂直になる面

点UP ⑶ 辺 AB と平行になる面

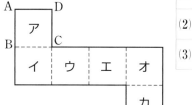

❷	点/18点（各6点）
(1)	
(2)	
(3)	

❸ 次のものを求めなさい。知

⑴ 半径4cm，中心角225°のおうぎ形の弧の長さ

⑵ 半径9cm，中心角120°のおうぎ形の面積

⑶ 半径8cm，弧の長さ 12π cm のおうぎ形の中心角

❸	点/18点（各6点）
(1)	
(2)	
(3)	

成績評価の観点　知…数量や図形などについての知識・技能　考…数学的な思考・判断・表現

④ 次の投影図が表している立体の表面積と体積を求めなさい。知

(1)

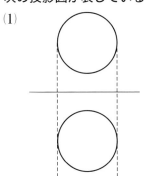

(2)

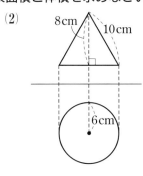

④ 　　　　　　　　　　　点/20点(各5点)

(1)	表面積	
	体積	
(2)	表面積	
	体積	

⑤ 次の図形を，直線 ℓ を軸として1回転させてできる回転体について，体積を求めなさい。知

(1)

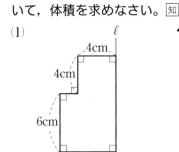

(2)

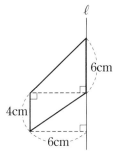

⑤ 　　　　　　　　　　　点/10点(各5点)

(1)	
(2)	

⑥ 母線の長さが 8 cm の円錐を，頂点を中心にして平面上で転がしたところ，4 回転してもとの位置にもどりました。
次の問いに答えなさい。考

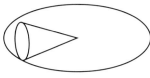

⑥ 　　　　　　　　　　　点/10点(各5点)

(1)	
(2)	

(1) 円錐の底面の半径を求めなさい。

(2) 円錐の表面積を求めなさい。

6章

教科書187〜222ページ

● 正多面体

平面だけで囲まれた立体を**多面体**という。

次のような，へこみのない多面体を**正多面体**という。

・すべての面が合同な正多角形である。

・どの頂点にも同じ数の面が集まる。

正多面体には，次の5種類しかない。

・正四面体

・正六面体（立方体）

・正八面体

・正十二面体

・正二十面体

● 2直線の位置関係

空間における2直線の位置関係は，次の3つの場合がある。

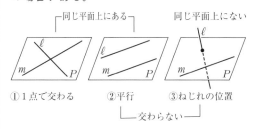

①1点で交わる　②平行　③ねじれの位置

● 直線と平面の位置関係

次の3つの場合がある。

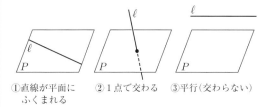

①直線が平面に　②1点で交わる　③平行（交わらない）
ふくまれる

● 2平面の位置関係

次の2つの場合がある。

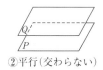

①交わる　②平行（交わらない）

● 円柱と円錐の展開図

・円柱　　　　　　　　　　・円錐

● おうぎ形の弧の長さと面積

半径がr，中心角が$a°$のおうぎ形の
弧の長さℓと面積Sは

$$\ell = 2\pi r \times \frac{a}{360}, \quad S = \pi r^2 \times \frac{a}{360}$$

● 角柱と円柱の体積

角柱や円柱の体積をV，底面積をS，高さをhとすると，

$$V = Sh$$

● 角錐と円錐の体積

角錐や円錐の体積をV，底面積をS，高さをhとすると，

$$V = \frac{1}{3}Sh$$

● 球の体積

半径がrの球の体積をVとすると，

$$V = \frac{4}{3}\pi r^3$$

● 球の表面積

半径がrの球の表面積をSとすると，

$$S = 4\pi r^2$$

ぴたトレ

0

スタートアップ

7章　データの活用

次の学習に
入る前に
取り組もう。

□ **平均値，中央値，最頻値**

◀ 小学6年

平均値＝資料の値の合計÷資料の個数

中央値……資料の大きさの順に並べたとき，ちょうど真ん中の値

　　　　　資料の数が偶数のときは，真ん中の2つの値の平均を中央値とします。

最頻値……資料の値の中で，いちばん多い値

1 あるクラスのソフトボール投げの記録を，下のようなドットプ
ロットに表しました。

◀ 小学6年〈資料の整理〉

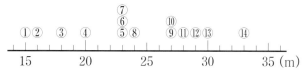

(1) 平均値を求めなさい。

(2) 中央値を求めなさい。

ヒント

資料の数が偶数だか
ら……

(3) 最頻値を求めなさい。

(4) ちらばりのようすを，
表に表しなさい。

距離(m)	人数(人)
以上 未満 15 ～ 20	
20 ～ 25	
25 ～ 30	
30 ～ 35	
合計	

(5) ちらばりのようすを，
ヒストグラムに表し
なさい。

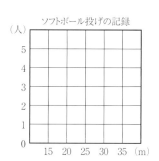

ヒント

横軸は区間を表すか
ら……

7章 データの活用
① **データの整理とその活用**
1 **度数の分布とヒストグラム**

●度数分布表

教科書 p.226〜231

 例題 **1**

右の度数分布表について，次の問いに答えなさい。 ▶▶**1**

(1) 階級の幅を答えなさい。

(2) 握力が 33 kg の人は，どの階級に入っていますか。

(3) 度数がもっとも多い階級と，その階級値を答えなさい。

1 年男子の握力

階級(kg)	度数(人)
以上　未満	
18 〜 22	4
22 〜 26	6
26 〜 30	5
30 〜 34	3
34 〜 38	2
計	20

考え方 (1) 階級の区間の幅を階級の幅といいます。

答え (1) $\boxed{}^{①}$ kg

(2) 30 kg 以上 $\boxed{}^{②}$ kg 未満

(3) 度数がもっとも多い階級は，22 kg 以上 $\boxed{}^{③}$ kg 未満で，

階級値は $\dfrac{22+26}{2} = \boxed{}^{④}$ (kg)

●ヒストグラム，度数折れ線

教科書 p.232〜234

 例題 **2**

1 の度数分布表から右のようなグラフをつくりました。 ▶▶**2**

(1) 右のようなグラフを何といいますか。

(2) 度数がもっとも大きい階級を答えなさい。

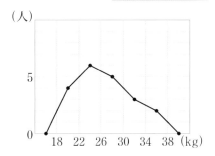

考え方 (1) 折れ線グラフと区別して考えます。

答え (1) ヒストグラムをもとにつくったもので $\boxed{}^{①}$ という。

(2) グラフがもっとも高い点をふくむ階級を読みとる。

$\boxed{}^{②}$ kg 以上 $\boxed{}^{③}$ kg 未満

度数分布表を柱状グラフで表したものを，ヒストグラムといいます。

1 【度数分布表】次の資料は，あるクラスの男子 20 人の垂直とびの記録です。この資料について，下の問いに答えなさい。

教科書 p.226〜231

56	49	52	55	46	51	64	54
44	60	47	52	54	66	50	57
53	46	58	48			単位(cm)	

□(1) 20 人の記録の範囲を求めなさい。

□(2) 右の度数分布表を完成させなさい。

□(3) 右の度数分布表の階級の幅を答えなさい。

□(4) 60 cm 以上とんだ人数を答えなさい。

記録(cm)	度数(人)
40 以上 45 未満	
45 〜 50	
50 〜 55	
55 〜 60	
60 〜 65	
65 〜 70	
計	20

2 【ヒストグラム，度数折れ線】**1**の資料について，次の問いに答えなさい。

教科書 p.232〜234

□(1) **1**でつくった度数分布表から，ヒストグラムを右の図につくりなさい。

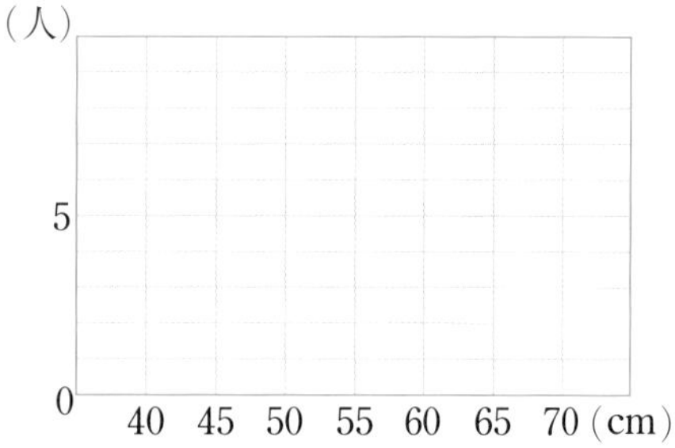

（人）

□(2) 度数がもっとも大きい階級を答えなさい。

□(3) 記録の良い方から数えて 5 番目の人は，どの階級に入っていますか。

□(4) 度数折れ線を右上の図にかきなさい。

⚠ミスに注意

ヒストグラムは，棒グラフのように長方形を離してかかないようにします。
度数折れ線をつくるときは，ヒストグラムの左右の両端に度数０の階級があるものと考えます。

例題の答え **1** ①4 ②34 ③26 ④24 **2** ①度数折れ線 ②22 ③26

● 相対度数

教科書 p.235〜237

例題 1

右の表は，ある中学校の1年1組の男子20人の握力（あくりょく）の記録を整理してまとめた度数分布表です。このとき，次の問いに答えなさい。　▶▶**1**

(1) 表の⑦，⑦にあてはまる数を求めなさい。

(2) 握力が22kg以上30kg未満の生徒は，何%か求めなさい。

1年1組の男子の握力

階級(kg)	度数(人)	相対度数
以上　　未満		
18 〜 22	4	0.20
22 〜 26	6	0.30
26 〜 30	5	0.25
30 〜 34	3	⑦
34 〜 38	2	⑦
計	20	1.00

考え方　度数の合計に対する各階級の度数の割合を相対度数といいます。

(1) （相対度数）＝ (その階級の度数)/(度数の合計) で求めます。

(2) 22kg以上26kg未満の階級と26kg以上30kg未満の階級の相対度数の合計です。

答え

(1) 度数の合計は20人です。

⑦ $\dfrac{3}{20}=$ [①□]　　　⑦ $\dfrac{2}{20}=$ [②□]

(2) $0.30+0.25=$ [③□]　　　[④□] %

● 累積度数

教科書 p.240〜242

例題 2

例題1の表で，次の問いに答えなさい。　▶▶**1**

(1) 18kg以上22kg未満の階級から26kg以上30kg未満の階級までの累積度数（るいせきどすう）を求めなさい。

(2) 18kg以上22kg未満の階級から26kg以上30kg未満の階級までの累積相対度数を求めなさい。

考え方　(1) 26kg以上30kg未満の階級までの度数の合計を求めます。

(2) （累積相対度数）＝ (累積度数)/(度数の合計)

答え

(1) $4+6+5=$ [①□]

(2) 度数の合計が [②□] だから，26kg以上30kg未満の階級の累積相対度数は [③□] 。

プラスワン　**累積度数，累積相対度数**

累積度数…各階級以下または各階級以上の階級の度数をたし合わせたもの。
累積相対度数…度数の合計に対する各階級の累積度数の割合。

1 【相対度数と累積度数】下の表は，ある中学校の1年生男子50人と，3年生男子20人について，ボール投げの記録を度数分布表にまとめたものです。

教科書 p.235〜237, 240〜242

階級(m)	度数(人)		相対度数	
	1年生	3年生	1年生	3年生
5以上10未満	4	0	0.08	0.00
10 〜 15	11	4		
15 〜 20	22	6		
20 〜 25	11	7		
25 〜 30	2	3		
計	50	20	1.00	1.00

□(1) 各階級の相対度数を求め，上の表を完成させなさい。

□(2) 1年生男子と3年生男子について，記録が20m以上の人数は，それぞれ何%いますか。

□(3) 10m以上15m未満の階級について，1年生男子と3年生男子の度数と相対度数を比べ，わかることを答えなさい。

□(4) 1年生男子と3年生男子について，各階級の累積相対度数を求めて，下の表にかきなさい。

階級(m)	1年生			3年生		
	度数	累積度数	累積相対度数	度数	累積度数	累積相対度数
5以上10未満	4	4	0.08	0	0	0.00
10 〜 15	11			4		
15 〜 20	22			6		
20 〜 25	11			7		
25 〜 30	2			3		
計	50			20		

□(5) (4)でかいた表を比べて，気がついたことを答えなさい。

7章

教科書235〜242ページ

② 確率
① ことがらの起こりやすさ

● ことがらの起こりやすさ

教科書 p.244〜247

例題 1　箱の中に，重さも大きさも同じ赤玉と白玉が何個かずつ入っています。この箱の中から 1 個の玉を取り出し，その色を確かめて，また箱の中に戻す実験を行いました。下の表は，玉を取り出す回数と，白玉が出た回数を記録し，まとめたものです。次の問いに答えなさい。　　　　　　　　　　　　　　▶▶ **1 2**

実験回数	500	1000	1500	2000
白玉の出た回数	237	434	657	884
白玉が出る相対度数	0.474	㋐	0.438	㋑

(1)　表の㋐，㋑にあてはまる数を求めなさい。

(2)　白玉が出る確率は，およそどのくらいと考えられますか。
　　　小数第 3 位を四捨五入して求めなさい。

(3)　この箱から 3000 回玉を取り出すと，白玉が出る回数は，およそ何回になると考えられますか。

考え方　(1)　相対度数＝ $\dfrac{（あることがらが起こった回数）}{（全体の回数）}$ で求めます。

(2)　あることがらの起こりやすさの程度を表す数を，そのことがらの起こる確率といいます。

答え　(1)　㋐　実験回数が 1000 回のときの白玉が出る相対度数は，

$$\frac{434}{\boxed{①}} = \boxed{②}$$

㋑　実験回数が 2000 回のときの白玉が出る相対度数は，

$$\frac{\boxed{③}}{2000} = \boxed{④}$$

(2)　実験回数が 1500 回のときの白玉が出る相対度数は，0.438
　　　2000 回のときの白玉が出る相対度数は，0.442　　　　小数第 3 位を四捨五入すると，どちらも 0.44

　　　したがって，白玉が出る確率は，およそ $\boxed{⑤}$

(3)　白玉が出る確率は，およそ 0.44 だから，

　　　$3000 \times 0.44 = \boxed{⑥}$　　　　　　　　　　答　およそ $\boxed{⑥}$ 回

1320 回に近い値になると考えられるけれど，必ず 1320 回になるというわけではありません。

1 【確率】下の表は，ビールビンの王冠を投げて，表が出る回数を調べたものです。
このとき，次の問いに答えなさい。

教科書 p.245〜246

☐(1) 表の⑦，⑦にあてはまる
数を，小数第3位まで求
めなさい。

投げた 回数	表が出た 回数	表が出る 相対度数
500	198	⑦
1000	392	0.392
1500	586	0.391
2000	782	⑦

●キーポイント

$$相対度数 = \frac{表が出た回数}{投げた回数}$$

で求めます。

☐(2) 王冠の表が出る確率は，およそどのくらいと考えられますか。
小数第2位までの数で答えなさい。

絶対
理解 **2** 【確率】下の表は，画びょうを投げて，上向きになった回数を調べたものです。
このとき，次の問いに答えなさい。

教科書 p.246〜247

☐(1) 表の⑦，⑦にあてはまる
数を，小数第2位まで求
めなさい。

投げた 回数	上向きに なった回数	上向きになる 相対度数
100	58	0.58
300	184	0.61
500	305	⑦
800	476	0.60
1000	596	⑦

☐(2) 画びょうが上向きになる
確率は，およそどのくらいと考えられますか。
小数第1位までの数で答えなさい。

☐(3) この画びょうについて，次の⑤〜⑤のうち正しいといえるも
のを選び，記号で答えなさい。

　⑤　上向きになるほうが起こりやすいと考えられる。

　⑥　上向き以外になるほうが起こりやすいと考えられる。

　⑤　上向きになることと上向き以外になることの起こりやす
　　　さは同じであると考えられる。

7
章

教
科
書
244
〜
247
ペ
ー
ジ

例題の答え **1** ①1000　②0.434　③884　④0.442　⑤0.44　⑥1320

1 次の資料は，中学生20人の握力（あくりょく）の記録です。この資料について，下の問いに答えなさい。

| 27 | 20 | 26 | 24 | 30 | 25 | 19 | 27 | 23 | 24 |
| 23 | 28 | 25 | 17 | 21 | 26 | 33 | 22 | 27 | 29 | （単位はkg）

(1) 20人の記録の範囲を求めなさい。

(2) 20人の記録の中央値を求めなさい。

(3) 右の度数分布表にまとめなさい。

階級(kg)	度数(人)
16以上 20未満	
20 〜 24	
24 〜 28	
28 〜 32	
32 〜 36	
計	20

(4) (3)の度数分布表で，階級の幅（はば）を求めなさい。

(5) (3)の度数分布表で，20人の記録の最頻値（さいひんち）を求めなさい。

(6) (3)の度数分布表から，ヒストグラムをつくりなさい。

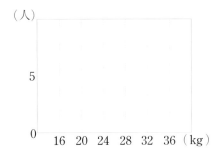

(7) (6)のヒストグラムから度数折れ線をつくり，(6)の図にかき入れなさい。

●度数分布表やヒストグラムのかき方のきまりや読み方をしっかりマスターしておこう。
相対度数や累積相対度数を求める問題もよく出るよ。ノートにまとめて正確に覚えておくこと。

② 右の表は，中学生 40 人がある日にテレビを見た時間のデータです。このデータについて，
次の問いに答えなさい。

□(1) ①，②にあてはまる数を求めなさい。

階級(分)	度数(人)	相対度数
0 以上 60 未満	6	0.15
60 ～ 120	18	①
120 ～ 180	10	0.25
180 ～ 240	4	②
240 ～ 300	2	0.05
計	40	1.00

□(2) テレビを見た時間が 120 分未満の階級の
累積相対度数を求めなさい。

□(3) テレビを見た時間が 180 分以上の生徒は
全体の何 % か求めなさい。

③ 下の表は，あるくつを投げて，表向き，裏向き，横向きになる回数を数えたものです。

投げた回数	表向きの回数	裏向きの回数	横向きの回数
200	39	134	27
500	96	361	43
1000	191	715	94
2000	381	1430	189

□(1) 500 回投げたときの表向きが出た割合を求めなさい。

□(2) このくつの表向きになる割合は，どんな値に近づくと考えられますか。小数第 3 位を
四捨五入して答えなさい。

ヒント　② (1)(相対度数)＝ $\dfrac{(その階級の度数)}{(度数の合計)}$

❶ 下の度数分布表は，運動部員 20 人の身長をまとめたものです。この表について，次の問いに答えなさい。[知]

階級(cm)	度数(人)
155 以上 160 未満	2
160 ～ 165	5
165 ～ 170	7
170 ～ 175	4
175 ～ 180	2
計	20

❶ 点/40点(各8点)

(1)	
(2)	下の図につくりなさい。
(3)	
(4)	
(5)	

(1) 階級の幅を答えなさい。

(2) ヒストグラムをつくりなさい。

(3) 身長が 170 cm 以上の運動部員は，運動部員 20 人の何 % か答えなさい。

(4) 度数がもっとも大きい階級の相対度数を求めなさい。

(5) 平均値を求めなさい。

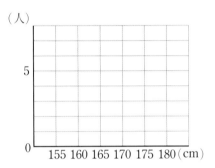

❷ 1 年生と 2 年生の 1 日の睡眠(すいみん)時間を調べ，その結果を度数折れ線で表すと，下のようになりました。この図から読みとれることとして適切なものを，次の①〜④から選びましょう。[知]

❷ 点/10点

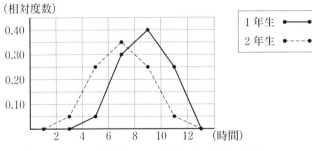

① 1 年生では，8 時間以上の生徒が 6 割より多い。

② 2 年生では，8〜10 時間と答えた生徒がもっとも多い。

③ 1 年生では，半数以上の生徒が 6 時間未満である。

④ 全体の傾向として，2 年生の方が睡眠時間が長いといえる。

成績評価の観点　[知]…数量や図形などについての知識・技能　[考]…数学的な思考・判断・表現

❸ 下の累積度数分布表は，あるクラスの生徒の通学距離をまとめたものです。
この表について，次の問いに答えましょう。考

通学距離(km)	度数(人)	累積度数(人)	累積相対度数
0 以上～1 未満	9	9	
1 ～ 2	12	21	
2 ～ 3	6	27	
3 ～ 4	5	32	
4 ～ 5	3	35	
5 ～ 6	1	36	
計	36		

❸ 点/30点（各10点）

(1)	左の表にかきなさい。
(2)	
(3)	

⑴ 累積相対度数を求めて，上の表を完成させなさい。
小数第 3 位を四捨五入して答えます。

⑵ 通学距離が 3 km 未満の生徒は全体の何％いたか，求めなさい。

⑶ 全体の 9 割以上いるといえるのは，通学距離が何 km 未満の生徒ですか。

点
UP
❹ 右の表は，ある店舗で調べた年齢別来客数です。次の問いに答えましょう。考

年齢(才)	度数(人)
0 以上～10 未満	220
10 ～ 20	350
20 ～ 30	1260
30 ～ 40	700
40 ～ 50	200
50 ～ 60	70
計	2800

❹ 点/20点（各10点）

(1)	
(2)	

⑴ 20 才以上 30 才未満の階級の相対度数を求めなさい。

⑵ イベントの来客者が 30 才以上 40 才未満である確率はいくらといえますか。

知	/50点	考	/50点

解答▶▶ p.47　135

●データの範囲

(範囲)＝(最大の値)－(最小の値)

範囲は，データの散らばりの程度を表す。

●度数分布表

・データを整理するための区間を**階級**という。

・階級の区間の幅を**階級の幅**という。

・階級の中央の値を，**階級値**という。

・各階級にふくまれるデータの個数を，その階級の**度数**という。

・各階級にその階級の度数を対応させて，データの分布のようすを示した表を**度数分布表**という。

●相対度数

ある階級の度数の，度数の合計に対する割合を，その階級の**相対度数**という。

$$(相対度数)＝\frac{(その階級の度数)}{(度数の合計)}$$

●累積度数

各階級以下または各階級以上の，階級の度数をたし合わせたものを**累積度数**という。

●累積相対度数

・各階級の累積度数の，度数の合計に対する割合を**累積相対度数**という。

・累積相対度数を使うと，ある階級未満，あるいは，ある階級以上の度数の全体に対する割合を知ることができる。

●確率

実験や観察を行うとき，あることがらの起こりやすさの程度を表す数を，そのことがらの起こる**確率**という。

●データの活用

①調べたいことを決める。

②データの集め方の計画を立てる。

　[インターネットを利用するときの注意]

　・さがす前に，どのようなデータが目的に合うか，検討する。

　・信頼できる場所の，最新のデータを利用する。

　・個人を特定できるような情報は使用しない。

③データを集め，目的に合わせて整理する。

　・度数分布表を使う。

　・分布のようすを知りたいときは，ヒストグラムや度数折れ線に表す。

　・相対度数を使って比較する。

④データの傾向をとらえて，どんなことがいえるか考える。

⑤調べたことやわかったことをまとめて，発表する。

⑥発表したあとに，学習をふり返る。

テスト前に役立つ!

\\ 定期テスト //

予想問題

チェック!

- テスト本番を意識し，時間を計って解きましょう。
- 取り組んだあとは，必ず答え合わせを行い，まちがえたところを復習しましょう。
- 観点別評価を活用して，自分の苦手なところを確認しましょう。

> テスト前に解いて，わからない問題やまちがえた問題は，もう一度確認しておこう!

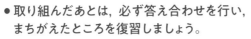

時間 30分 ／100点 ｜ 合格 70点

❶ 下の数の中から，次の数をすべて選びなさい。知

教科書 p.18

$$-7.6 \quad \frac{3}{4} \quad 1 \quad 0 \quad -5 \quad 7$$

(1) 自然数

(2) 整数

(3) 負の数

❶ 点／9点（各3点）

(1)	
(2)	
(3)	

❷ ［ ］内のことばを使って，次の数量を表しなさい。知

教科書 p.19〜20

(1) 北へ ＋3 m 進む ［南］

(2) −16 cm 短い ［長い］

❷ 点／6点（各3点）

(1)	
(2)	

❸ 下の数直線で，点 A，B，C の表す数を答えなさい。知

教科書 p.21〜22

❸ 点／9点（各3点）

A	
B	
C	

❹ 次の計算をしなさい。知

教科書 p.26〜49

(1) $-23+17$

(2) $\left(-\dfrac{2}{3}\right)-\left(-\dfrac{1}{6}\right)$

(3) $10-15+4-19$

(4) $1.8\div(-0.6)$

(5) $(-5)\times\left(-\dfrac{1}{4}\right)\times(-2)$

(6) $(-2)^2\times(-3^2)$

❹ 点／24点（各4点）

(1)	
(2)	
(3)	
(4)	
(5)	
(6)	

成績評価の観点 知…数量や図形などについての知識・技能 考…数学的な思考・判断・表現

⑤ 次の計算をしなさい。知

(1) $-16+3\times2$

(2) $5-24\div(-3)$

(3) $(-2)^2\times6-4^2$

(4) $14-(2-5)^2$

(5) $\left(\dfrac{5}{6}-\dfrac{3}{4}\right)\times(-12)$

(6) $\dfrac{4}{5}\times\left(-\dfrac{2}{3}\right)+\dfrac{6}{5}\times\left(-\dfrac{2}{3}\right)$

教科書 p.50～51

⑤ 点/24点（各4点）

(1)	
(2)	
(3)	
(4)	
(5)	
(6)	

⑥ 負の整数の集合の中で，次の計算を考えます。計算がいつでもできるのはどれですか。考

　㋐　加法　　　　　㋑　減法

　㋒　乗法　　　　　㋓　除法

教科書 p.52～53

⑥ 点/4点

⑦ 次の数を素因数分解しなさい。知

(1) 63

(2) 735

(3) 360

教科書 p.54～55

⑦ 点/12点（各4点）

(1)	
(2)	
(3)	

⑧ 次の表は，5人の生徒 A，B，C，D，E の数学のテストの得点が，クラス全体の平均点より何点高いかを示したものです。A さんの得点が 75 点のとき，下の問いに答えなさい。考

生徒	A	B	C	D	E
ちがい（点）	+8	−11	+17	+5	−4

(1) B さんの得点は何点ですか。

(2) C さんと E さんの得点のちがいは何点ですか。

(3) この 5 人の平均点を求めなさい。

教科書 p.57～58

⑧ 点/12点（各4点）

(1)	
(2)	
(3)	

時間 30分 ／100点　合格 70点

❶ 次の式を，文字式の表し方にしたがって書きなさい。知

教科書 p.68〜70

(1)　$b \times a \times (-1)$　　　　(2)　$y \times x \times x \times y$

(3)　$x \div (-4)$　　　　(4)　$m \times 2 + n \times (-3)$

❶　点／12点（各3点）

(1)	
(2)	
(3)	
(4)	

❷ 次の数量を文字式で表しなさい。知

教科書 p.71〜73

(1)　1000円で，1個 a 円の品物を 12 個買ったときのおつり

(2)　a 円の 3 割引きの値段

(3)　時速 10 km で走ると 3 時間かかる道のりを，時速 y km で走ったときにかかる時間

❷　点／9点（各3点）

(1)	
(2)	
(3)	

❸ $x=-3$，$y=4$ のとき，次の式の値（あたい）を求めなさい。知

教科書 p.74〜75

(1)　$2x-9$　　　　(2)　x^2-x

(3)　$3(x+2y)$　　　　(4)　$\dfrac{y}{x}+\dfrac{x}{2}$

❸　点／16点（各4点）

(1)	
(2)	
(3)	
(4)	

❹ 温度を測るときの単位には，セ氏（℃）とカ氏（℉）があります。セ氏で t ℃ のときのカ氏は $(32+1.8t)$ ℉ です。温度がセ氏で次のときのカ氏の温度（℉）を求めなさい。考

教科書 p.74〜75

(1)　0 ℃　　　(2)　25 ℃　　　(3)　−10 ℃

❹　点／9点（各3点）

(1)	
(2)	
(3)	

成績評価の観点　知…数量や図形などについての知識・技能　考…数学的な思考・判断・表現

5 次の計算をしなさい。知

(1) $7x - 4x - 9x$

(2) $(x+2) - (5+3x)$

(3) $6a \times (-3)$

(4) $-72a \div (-18)$

(5) $-5(2a-3)$

(6) $(6x-8) \div \left(-\dfrac{2}{3}\right)$

(7) $3(2a-1) - 2(a+4)$

(8) $\dfrac{x+1}{3} - \dfrac{2x+3}{4}$

(9) $8 \times \dfrac{x-6}{4} + 6\left(-x + \dfrac{5}{3}\right)$

(10) $6\left(\dfrac{2}{3}x - \dfrac{5}{2}\right) - (6x-4) \div 2$

教科書 p.79〜85

5	点/40点（各4点）
(1)	
(2)	
(3)	
(4)	
(5)	
(6)	
(7)	
(8)	
(9)	
(10)	

定期テスト予想問題

教科書63〜93ページ

6 1辺が 2 cm の正三角形の紙を，下の図のように，1 cm ずつ重なるように規則正しく並べて，図形をつくります。考

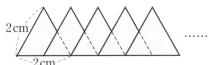

2cm
2cm

(1) この紙を 3 枚並べてできる図形の周囲の長さを求めなさい。

(2) この紙を n 枚並べてできる図形の周囲の長さを n を使った式で表しなさい。

教科書 p.64〜75

6	点/6点（各3点）
(1)	
(2)	

7 次の数量の関係を，等式または不等式で表しなさい。考

(1) x 冊のノートを，y 人に1人3冊ずつ配ると，2冊余った。

(2) a m のひもから b cm 切り取り，残りを4等分したら，1本の長さは 90 cm 以下になった。

教科書 p.89〜91

7	点/8点（各4点）
(1)	
(2)	

知 ／77点　考 ／23点

時間30分 ／100点　合格70点

① 次の方程式のうち，-2 が解であるものをすべて選びなさい。知

教科書 p.98〜99

① 点／5点

⑦ $5x-3=4$

④ $3x-7=-13$

⑦ $2x+6=3x+8$

⑤ $3(x+4)-2=1$

⑦ $0.2x-1.6=0.5x$

⑦ $\dfrac{4x+12}{2}=\dfrac{8-x}{5}$

② 次の方程式を解きなさい。知

教科書 p.100〜106

② 点／24点（各4点）

(1) $-7x=-63$

(2) $4x+15=-17$

(3) $2x=20-3x$

(4) $2x+5=3x+11$

(5) $5x+3=3x-7$

(6) $6x-8=9x-2$

(1)
(2)
(3)
(4)
(5)
(6)

③ 次の方程式を解きなさい。知

教科書 p.107〜109

③ 点／30点（各5点）

(1) $x+5(9-2x)=9$

(2) $3(2x-8)=7(x-3)$

(3) $0.7x-1=1.3x+0.8$

(4) $0.5(3x-2)=5$

(5) $x-\dfrac{x-1}{3}=5$

(6) $\dfrac{3x-1}{4}-\dfrac{x+5}{3}=1$

(1)
(2)
(3)
(4)
(5)
(6)

4 次の比例式について，x の値を求めなさい。知

(1) $4:14=6:x$

(2) $(x+4):6=3x:10$

教科書 p.110～111

4 点/10点(各5点)

(1)	
(2)	

5 x についての方程式 $16+ax=4x-8$ の解が -8 であるとき，a の値を求めなさい。考

教科書 p.98～99，104～106

5 点/6点

6 ある数の 5 倍から 7 をひくと，ある数の 2 倍より 8 大きくなります。もとの数を求めなさい。考

教科書 p.113

6 点/5点

7 A さんは 1460 円，B さんは 1010 円持っています。2 人とも同じ本を買ったので，A さんの残金は B さんの残金の 2 倍になりました。本の値段を求めなさい。考

教科書 p.113～114

7 点/5点

8 何人かの子どもにお菓子を配ります。1 人に 3 個ずつ配ると 19 個余り，4 個ずつ配ると 8 個足りません。子どもの人数を求めなさい。考

教科書 p.115

8 点/5点

9 家から学校までの道のりを，分速 60 m で歩いていくと，分速 150 m で走っていくよりも 18 分多く時間がかかりました。家から学校までの道のりを求めなさい。考

教科書 p.116～117

9 点/5点

10 兄と弟が，家から博物館へ自転車で行くことにしました。弟は時速 12 km で博物館に向かい，兄は弟が出発してから 12 分後に，弟と同じ道を時速 15 km で博物館へ向かったところ，同時に博物館に着きました。家から博物館までの道のりを求めなさい。考

教科書 p.116～117

10 点/5点

知 /69点　考 /31点

❶ 次のような x と y の関係について，y は x の関数であるといえるかどうか答えなさい。[知]

教科書 p.124〜127

❶　点／8点（各4点）

(1)　$x\,\mathrm{km}$ の道のりを走ったときのタクシーの料金を y 円とする。

(2)　y は自然数 x の倍数である。

(1)	
(2)	

❷ 1辺が $x\,\mathrm{cm}$ の正三角形の周の長さを $y\,\mathrm{cm}$ とするとき，次の問いに答えなさい。[知]

教科書 p.128〜130

❷　点／12点（各4点）

(1)　y は x に比例することを示しなさい。

(2)　比例定数を求めなさい。

(3)　x の値が2倍になると，y の値はどのように変化しますか。

(1)	
(2)	
(3)	

❸ 面積が $16\,\mathrm{cm^2}$ の三角形の底辺を $x\,\mathrm{cm}$，高さを $y\,\mathrm{cm}$ とするとき，次の問いに答えなさい。[知]

教科書 p.139〜141

❸　点／12点（各4点）

(1)　y は x に反比例することを示しなさい。

(2)　比例定数を求めなさい。

(3)　x の値が3倍になると，y の値はどのように変化しますか。

(1)	
(2)	
(3)	

❹ 次の問いに答えなさい。[知]

教科書 p.131,142

(1)　y は x に比例し，$x=6$ のとき $y=4$ です。$x=-9$ のときの y の値を求めなさい。

(2)　y は x に反比例し，$x=2$ のとき $y=25$ です。$x=-5$ のときの y の値を求めなさい。

❹　点／10点（各5点）

(1)	
(2)	

❺ y が x の関数であるとき，右の表の空らんをうめなさい。[知]

教科書 p.131,142, 148〜151

(1)　y が x に比例するとき

(2)　y が x に反比例するとき

x	-4	2
y	10	

❺　点／8点（各4点）

(1)	
(2)	

　成績評価の観点　[知]…数量や図形などについての知識・技能　[考]…数学的な思考・判断・表現

6 右の図について，次の問いに答えなさい。知

(1) 図の点 A，B の座標をそれぞれ答えなさい。

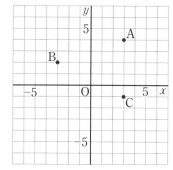

(2) 次の点を，右の図にかき入れなさい。

D (−2, −4)　　E (4, 0)

(3) 点 A，B，C を結んでできる三角形の面積を求めなさい。ただし，座標の 1 めもりを 1 cm とします。

定期テスト予想問題

教科書 123〜155 ページ

---

7 右の図の(1)，(2)は比例のグラフ，(3)，(4)は反比例のグラフです。グラフが(1)〜(4)になる比例，反比例の式をそれぞれ求めなさい。知

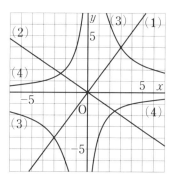

教科書 p.137,143〜146

7　　点/20点（各5点）

(1)

(2)

(3)

(4)

---

8 同じ種類のねじがたくさんあります。このねじ 20 本の重さを量ると 150 g でした。このねじが 600 g 分入った袋があるとき，袋の中にはだいたい何本のねじが入っていると考えられますか。考

教科書 p.148〜150

8　　点/5点

---

9 比例 $y = \dfrac{1}{2}x$ のグラフ上に，x 座標が正の数である点 A があります。点 B (6, 0) をとり，原点 O と点 A，B を結んでできる三角形 OAB の面積が 6 cm² であるとき，点 A の座標を求めなさい。ただし，座標の 1 めもりを 1 cm とします。考

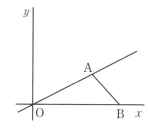

教科書 p.134〜137,275

9　　点/5点

知　　/90点　　考　　/10点

解答▶▶ p.51〜52　　145

❶ 長さ 12 cm の線分 AB があります。線分 AB の中点を M，線分 BM の中点を N とします。線分 AN の長さを求めなさい。[考]

教科書 p.158〜159,170

❶ 点／10点

❷ 下の図の線分 AB を，次の①→②→③の順で移動させた図をかきなさい。[知]

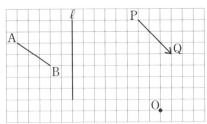

教科書 p.162〜166

❷ 点／30点（各10点）

左の図にかきなさい。

① 直線 ℓ を軸として対称移動させた線分 CD
② 矢印 PQ の方向に，線分 PQ の長さだけ平行移動させた線分 EF
③ 点 O を回転の中心にして，時計の針の回転と同じ方向に 90° 回転移動させた線分 GH

❸ 右の図において，点 Q は，直線 OY を対称の軸として点 P を対称移動したものです。また，点 R は，直線 OX を対称の軸として点 Q を対称移動したものです。点 P は，1 回の移動で点 R に重ねることができます。それはどのような移動であるか答えなさい。[考]

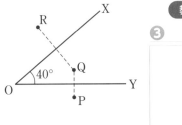

教科書 p.163〜166

❸ 点／10点

❹ 右の図の線分 AB を 1 辺とする正方形を作図しなさい。[知]

A————————B

教科書 p.174〜176

❹ 点／10点

左の図に作図しなさい。

　成績評価の観点　知…数量や図形などについての知識・技能　　考…数学的な思考・判断・表現

5 下の図のような正方形 ABCD があります。頂点 B が，辺 AD 上の点 P に重なるように折り曲げるとき，折り目の線を作図しなさい。[考]

教科書 p.163,170〜171, 174〜175

5 点/10点

左の図に作図しなさい。

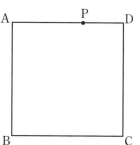

6 下の図において，直線 ℓ 上に中心があり，2 点 A，B を通る円を作図しなさい。[考]

教科書 p.165,176

6 点/10点

左の図に作図しなさい。

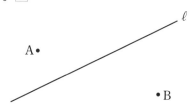

7 平面上で，次のような点はどのような図形上にあるか答えなさい。

教科書 p.161,178,276

[知]

(1) 直線 ℓ からの距離が 7 cm である点

(2) 点 O からの距離が 4 cm である点

7 点/20点（各10点）

(1)	
(2)	

[知] /60点　[考] /40点

1 空間内に異なる2直線 ℓ, m, 異なる2平面 P, Q があります。
次の(1)～(4)について，つねに正しいものには○を，正しくないものには×を書きなさい。ただし，ℓ は P, Q にふくまれないとします。知

(1) $\ell /\!/ m$, $\ell \perp P$ ならば $m /\!/ P$

(2) $\ell \perp m$, $\ell /\!/ P$ ならば $m \perp P$

(3) $P /\!/ Q$, $P /\!/ \ell$ ならば $Q /\!/ \ell$

(4) $P \perp Q$, $P /\!/ \ell$ ならば $Q \perp \ell$

教科書 p.194～197

1 点/20点(各5点)

(1)	
(2)	
(3)	
(4)	

2 右の図は，三角柱の展開図です。この展開図を組み立てて三角柱をつくるとき，次の図形の位置関係を答えなさい。知

(1) 直線 AB と直線 JE

(2) 直線 AJ と直線 JE

(3) 直線 BC と面エ

(4) 直線 AB と面イ

(5) 面アと面オ

教科書 p.194～197,208

2 点/20点(各4点)

(1)	
(2)	
(3)	
(4)	
(5)	

3 次の立体の表面積と体積を求めなさい。知

(1) 円柱

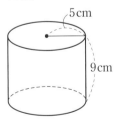

5cm
9cm

(2) 正四角柱

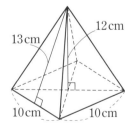

13cm
12cm
10cm　10cm

教科書 p.206～207, 216～217

3 点/20点(各5点)

(1)	表面積	
	体積	
(2)	表面積	
	体積	

成績評価の観点　知…数量や図形などについての知識・技能　考…数学的な思考・判断・表現

④ 右の図の半円を，直線 ℓ を軸として1回転させてできる回転体の表面積と体積を求めなさい。 知

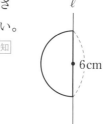

教科書 p.201,218〜219

④ 点/8点(各4点)

表面積	
体積	

⑤ 右の図は円錐（えんすい）の展開図です。知
(1) この円錐の母線の長さを求めなさい。

(2) この円錐の表面積を求めなさい。

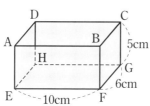

教科書 p.210〜211,217

⑤ 点/10点(各5点)

(1)	
(2)	

⑥ 右下の図のような縦6cm，横10cm，高さ5cmのふた ABCD のない直方体の容器に水がいっぱいに入っています。この容器を傾けて（かたむ），水面が点 B, E, G を通る平面になるように水をこぼします。次の問いに答えなさい。ただし，容器の厚さは考えないものとします。考
(1) 傾けてできる水面の線（△BEG の辺）を，解答らんの展開図にかき入れなさい。

(2) こぼした水の体積を求めなさい。

教科書 p.206,208

⑥ 点/10点(各5点)

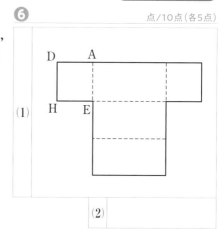

(1)

(2)

⑦ 次のものを求めなさい。知
(1) 半径6cm，中心角150°のおうぎ形の弧（こ）の長さと面積

(2) 半径9cm，弧の長さ 12π cmのおうぎ形の中心角の大きさ

教科書 p.213〜215

⑦ 点/12点(各4点)

(1)	弧の長さ	
	面積	
(2)		

知	/90点	考	/10点

時間
30分 ／100点

合格
70点

1 次の表は，生徒 20 人の垂直とびの記録の度数分布表です。これ
について，下の問いに答えなさい。知

教科書 p.226〜234

階級(cm)	度数(人)
20 以上 30 未満	2
30 〜 40	4
40 〜 50	8
50 〜 60	5
60 〜 70	1
計	20

1　　　　　点/42点(各6点)

(1)	
(2)	図にかきなさい。
(3)	
(4)	
(5)	
(6)	
(7)	

(1) 階級の幅を答えなさい。

(2) ヒストグラムをつくりなさい。

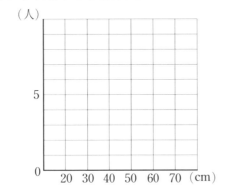

(3) 記録がよい方から数えて 5 番目の生徒が入っている階級を答
えなさい。

(4) 記録が 40 cm 未満の生徒は，生徒 20 人の何 % か答えなさい。

(5) 30 cm 以上 40 cm 未満の階級の相対度数を求めなさい。

(6) 最頻値を求めなさい。

(7) 平均値を求めなさい。

成績評価の観点　知…数量や図形などについての知識・技能　考…数学的な思考・判断・表現

❷ あるクラスの生徒30人の50m走の記録の平均値は，ちょうど8.3秒でした。この結果から必ずいえることを，次の①〜③から選びなさい。考

教科書 p.226〜231

❷ 　　　　　　　　　点/9点

① 記録を速い方から順に並べると，8.3秒未満の生徒が14人いる。

② 記録が8.3秒だった人がもっとも多い。

③ 全員の記録を合計すると249秒である。

❸ あるクラスの生徒の握力を調べ，その度数分布表からグラフをつくると，右の図のようになりました。次の問いに答えなさい。知

(1) 右のグラフを何といいますか。

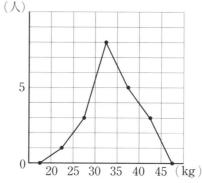

教科書 p.234〜242

❸ 　　　　　　　　点/35点（各7点）

(1)	
(2)	
(3)	
(4)	
(5)	

(2) 調べた人数を求めなさい。

(3) 度数がもっとも大きい階級について，その相対度数を求めなさい。

(4) 階級30kg以上35kg未満の累積度数を求めなさい。

(5) 階級35kg以上40kg未満の累積相対度数を求めなさい。

❹ ある人がボタンを投げる実験をしたら，裏が出た回数は下のようになりました。次の問いに答えなさい。知

教科書 p.244〜246

❹ 　　　　　　　　点/14点（各7点）

投げた回数	100	150	200	250	300	350	400
裏が出た回数	44	62	85	102	121	139	160

(1) 400回投げたときの，裏が出た割合を求めなさい。

(2) 1000回投げると，およそ何回裏が出ると予想できますか。

(1)	
(2)	

知　　　/91点　考　　　/9点

定期テスト予想問題

教科書225〜248ページ

教科書ぴったりトレーニング

〈 数研出版版・中学数学 1 年 〉
この解答集は取り外してお使いください。

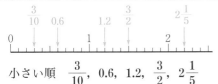

1章　正の数と負の数

p.6〜7　　　ぴたトレ0

1

$$\begin{array}{c}
\frac{3}{10}\quad 0.6 \qquad 1.2\quad \frac{3}{2}\qquad\qquad 2\frac{1}{5}\\
0\qquad\qquad\qquad 1\qquad\qquad 2
\end{array}$$

小さい順　$\dfrac{3}{10}$, 0.6, 1.2, $\dfrac{3}{2}$, $2\dfrac{1}{5}$

数直線の小さい1めもりは, $0.1\left(\dfrac{1}{10}\right)$ です。

分数を小数になおして考えると,

$\dfrac{3}{10}=0.3$, $\dfrac{3}{2}=1.5$, $2\dfrac{1}{5}=2.2$

2 (1)＞　(2)＜　(3)＜　(4)＞

(2)分母をそろえると, $\dfrac{8}{4}<\dfrac{9}{4}$

(4)分母をそろえると, $\dfrac{20}{12}>\dfrac{15}{12}$

3 (1)$\dfrac{5}{6}$　(2)$\dfrac{17}{15}\left(1\dfrac{2}{15}\right)$　(3)$\dfrac{1}{20}$

(4)$\dfrac{1}{6}$　(5)$\dfrac{49}{12}\left(4\dfrac{1}{12}\right)$　(6)$\dfrac{5}{12}$

通分して計算します。答えが約分できるときは, 約分しておきます。

(2)$\dfrac{5}{6}+\dfrac{3}{10}=\dfrac{25}{30}+\dfrac{9}{30}=\dfrac{\overset{17}{\cancel{34}}}{\underset{15}{\cancel{30}}}=\dfrac{17}{15}$

(4)$\dfrac{9}{10}-\dfrac{11}{15}=\dfrac{27}{30}-\dfrac{22}{30}=\dfrac{\overset{1}{\cancel{5}}}{\underset{6}{\cancel{30}}}=\dfrac{1}{6}$

(6)$3\dfrac{1}{3}-2\dfrac{11}{12}=\dfrac{10}{3}-\dfrac{35}{12}=\dfrac{40}{12}-\dfrac{35}{12}=\dfrac{5}{12}$

4 (1)3.1　(2)10.3　(3)2.3　(4)4.5

位をそろえて, 計算します。

(2) $\begin{array}{r}4.5\\+\ 5.8\\\hline 10.3\end{array}$　(4) $\begin{array}{r}\overset{6}{\cancel{7}}.1\\-\ 2.6\\\hline 4.5\end{array}$

5 (1)15　(2)$\dfrac{1}{9}$　(3)$\dfrac{2}{5}$　(4)$\dfrac{1}{16}$　(5)$\dfrac{2}{5}$　(6)$\dfrac{1}{5}$

計算の途中で約分できるときは約分します。わり算はわる数の逆数をかけて, かけ算になおします。

(5)$\dfrac{1}{6}\times3\div\dfrac{5}{4}=\dfrac{1}{6}\times\dfrac{3}{1}\times\dfrac{4}{5}=\dfrac{1\times\overset{1}{\cancel{3}}\times\overset{2}{\cancel{4}}}{\underset{2}{\cancel{6}}\times1\times5}=\dfrac{2}{5}$

(6)$\dfrac{3}{10}\div\dfrac{3}{5}\div\dfrac{5}{2}=\dfrac{3}{10}\times\dfrac{5}{3}\times\dfrac{2}{5}=\dfrac{\overset{1}{\cancel{3}}\times\overset{1}{\cancel{5}}\times\overset{1}{\cancel{2}}}{\underset{5}{\cancel{10}}\times\underset{1}{\cancel{3}}\times\underset{1}{\cancel{5}}}$

$=\dfrac{1}{5}$

6 (1)22　(2)6　(3)10　(4)18

( )があるときは( )の中をさきに計算します。＋, −と×, ÷とでは, ×, ÷をさきに計算します。

(3)$(3\times8-4)\div2=(24-4)\div2=20\div2=10$

(4)$3\times(8-4\div2)=3\times(8-2)=3\times6=18$

7 (1)12.8　(2)560　(3)7　(4)180

(3)$10\times\left(\dfrac{1}{5}+\dfrac{1}{2}\right)=10\times\dfrac{1}{5}+10\times\dfrac{1}{2}=2+5=7$

(4)$18\times7+18\times3=18\times(7+3)=18\times10=180$

8 (1)①100　②1　③5643

(2)①4　②8　③800

(1)$99=100-1$　だから,

$57\times99=57\times(100-1)=57\times100-57\times1$

$=5643$

(2)$32=4\times8$ と考えて, $25\times4=100$ を利用します。

$25\times32=(25\times4)\times8=100\times8=800$

p.8〜9　　　ぴたトレ1

1 (1)$-3\,{}^{\circ}\mathrm{C}$　(2)$+12\,{}^{\circ}\mathrm{C}$

$0\,{}^{\circ}\mathrm{C}$ を基準にして, それより高い温度は＋を使って表します。

これに対して, $0\,{}^{\circ}\mathrm{C}$ より低い温度は−を使って表します。

2 (1)-10　(2)$+8$　(3)$+3.4$　(4)$-\dfrac{3}{7}$

0 より大きい数は＋, 0 より小さい数は−をつけて表します。

小数や分数の場合も同じです。

3 (1)＋4 km　(2)−8 km

解き方 反対の性質をもつ数量は，数の符号を反対にします。

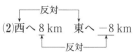

(2)西へ 8 km　東へ −8 km

4 A…＋5，B…−0.5 $\left(-\dfrac{1}{2}\right)$，C…−4.5 $\left(-\dfrac{9}{2}\right)$

解き方 負の数は原点0から左へとめもりを数えます。
点Bは0より0.5小さい数であるから −0.5
これを −1.5 とまちがえないようにします。

5

解き方 (2)−1.5 は 0 より 1.5 小さい数で，数直線上では，原点0から左へ 1.5 進んだ点となります。

(3)$-\dfrac{11}{2}=-5.5$

　0 より 5.5 小さい数であるから，数直線上では原点0から左へ 5.5 進んだ点となります。

---

p.10〜11　　　　ぴたトレ**1**

1 (1)＋4＞−4　(2)−0.5＞−1.5

解き方 正負の数の大小は，数直線上に表すとわかりやすくなります。右側にある数ほど大きくなります。
(1)負の数は正の数より小さいです。
(2)数直線上で −0.5 の方が −1.5 より右側にあります。

2 (1)9　(2)8　(3)0.1　(4)$\dfrac{2}{3}$

解き方 絶対値は，原点からその数を表す点までの距離です。

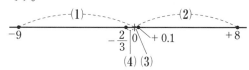

また，正の数，負の数からその数の符号をとったものが絶対値であると考えることもできます。

3 (1)＋5，−5　(2)0　(3)＋4.7，−4.7

(4)$+\dfrac{4}{5}$，$-\dfrac{4}{5}$

解き方 正の数と負の数の2つあります。
(1)
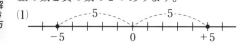

(2)0の絶対値は0だけです。
(3)

(4)
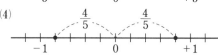

4 (1)−10＜＋6　(2)−7＜−4

(3)−0.24＜−0.19　(4)−8＜−3＜＋5

解き方 (1)正の数の方が大きいから，−10＜＋6
(2)絶対値を比べると　7＞4
　　負の数は絶対値が大きいほど小さいから
　　−7＜−4
(3)絶対値を比べると　0.24＞0.19
　　どちらも負の数なので −0.24＜−0.19
(4)負の数は −8，−3
　　絶対値を比べると，8＞3 なので
　　−8＜−3＜＋5

---

p.12〜13　　　　ぴたトレ**1**

1 (1)＋9　(2)−8

解き方 (1)原点から正の方向に2進みます。
　　──→その地点から，正の方向に7進みます。
　　──→その結果，全体で，原点から正の方向に7進むことになります。
　　よって　(＋2)＋(＋7)＝＋9
(2)原点から負の方向に5進みます。
　　──→その地点から，負の方向に3進みます。
　　──→その結果，全体で，原点から負の方向に8進むことになります。
　　よって　(−5)＋(−3)＝−8

2 (1)−5　(2)＋3

解き方 (1)原点から正の方向に5進みます。
　　──→その地点から，負の方向に10進みます。
　　──→その結果，全体で，原点から負の方向に5進むことになります。
　　よって　(＋5)＋(−10)＝−5

(2)
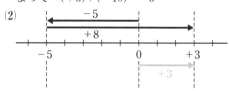

3 (1)＋15　(2)−23　(3)−11　(4)＋15

(5)0　(6)−16

解き方

符号が異なる2つの数の和は，絶対値が大きい方から小さい方をひいた差に，絶対値が大きい方の符号をつけます。

(1)$(+9)+(+6)=+(9+6)=+15$

(2)$(-15)+(-8)=-(15+8)=-23$

(3)$(+7)+(-18)=-(18-7)=-11$

(4)$(-19)+(+34)=+(34-19)=+15$

(5)符号が異なり，絶対値が等しいとき，和は0になります。

(6)ある数と0の和は，もとの数に等しくなります。

4 (1)$+3$ (2)$+3$ (3)$+10$

解き方

加法の計算法則を使って，正の数どうし，負の数どうしの和を求めて加えます。

(1)$(-6)+(+13)+(-4)$
$=\{(-6)+(-4)\}+(+13)$
$=(-10)+(+13)=+3$

(2)$(-2)+(-9)+(+20)+(-6)$
$=\{(-2)+(-9)+(-6)\}+(+20)$
$=(-17)+(+20)=+3$

(3)符号が異なる絶対値の等しい2つの数に着目します。
$(-9)+(+23)+(-13)+(+9)$
$=\{(-9)+(+9)\}+(+23)+(-13)$
$=0+(+23)+(-13)=+10$

---

p.14〜15　　　　　　　ぴたトレ**1**

1 (1)-3 (2)-6 (3)-10 (4)-7

解き方

(1)$(+5)-(+8)=(+5)+(-8)=-3$

(2)$(+13)-(+19)=(+13)+(-19)=-6$

(3)$(-7)-(+3)=(-7)+(-3)=-10$

(4)$(-2)-(+5)=(-2)+(-5)=-7$

2 (1)$+8$ (2)$+23$ (3)-6 (4)$+2$

解き方

(1)$(+4)-(-4)=(+4)+(+4)=+8$

(2)$(+17)-(-6)=(+17)+(+6)=+23$

(3)$(-8)-(-2)=(-8)+(+2)=-6$

(4)$(-5)-(-7)=(-5)+(+7)=+2$

3 (1)-6 (2)$+12$

解き方

(1)ある数から0をひくと，差はもとの数に等しくなります。

(2)0からある数をひくと，差はひいた数の符号を変えた数になります。

---

4 (1)$+5.6$ (2)-1.5 (3)$+\dfrac{3}{5}$ (4)$+\dfrac{4}{3}$

解き方

小数，分数の場合も，整数のときと同じ手順で計算します。

(1)$0-(-5.6)=0+(+5.6)=+5.6$

(2)$(-7.3)-(-5.8)=(-7.3)+(+5.8)$
　　$=-(7.3-5.8)=-1.5$

(3)$\left(+\dfrac{4}{5}\right)+\left(-\dfrac{1}{5}\right)=+\left(\dfrac{4}{5}-\dfrac{1}{5}\right)=+\dfrac{3}{5}$

(4)$\left(+\dfrac{1}{2}\right)-\left(-\dfrac{5}{6}\right)=\left(+\dfrac{3}{6}\right)-\left(-\dfrac{5}{6}\right)$
　　$=\left(+\dfrac{3}{6}\right)+\left(+\dfrac{5}{6}\right)=+\left(\dfrac{3}{6}+\dfrac{5}{6}\right)=+\dfrac{8}{6}=+\dfrac{4}{3}$

---

p.16〜17　　　　　　　ぴたトレ**1**

1 (1)項を並べた式　$5-9$　答え　-4

　　(2)項を並べた式　$-12-3+7$　答え　-8

解き方

ひく数の符号を変えて加法になおします。

加法だけの式になおしたとき，加法の記号で結ばれた1つ1つの数を項といいます。加法だけの式は，加法の記号とかっこをはぶいて，項を並べた式で表すことができます。

(1)$(+5)-(+9)$
　　$=(+5)+(-9)$
　　$=5-9$
　　$=-4$

(2)$(-12)+(-3)-(-7)$
　　$=(-12)+(-3)+(+7)$
　　$=-12-3+7$
　　$=-8$

2 (1)15 (2)-7

解き方

正の項どうし，負の項どうしの和をそれぞれ求めて加えます。計算の結果が正の数のときは，正の符号+を省略することができます。

(1)$8-4+11$
　　$=8+11-4$
　　$=19-4$
　　$=15$

(2)$-11+6-14+12$
　　$=-11-14+6+12$
　　$=-25+18$
　　$=-7$

③ (1)−5 (2)−2

解き方 項だけを並べた式にして計算します。

(1)$(-4)-(+7)-(-6)$
$=-4-7+6$
$=-11+6$
$=-5$

(2)$(+9)+(-8)-(+13)-(-10)$
$=9-8-13+10$
$=9+10-8-13$
$=19-21$
$=-2$

④ (1)−4 (2)−13

解き方 (1)$10-(+8)+(-6)$
$=10-8-6$
$=10-14$
$=-4$

(2)$-21-(+7)-(-18)-3$
$=-21-7+18-3$
$=-21-7-3+18$
$=-31+18$
$=-13$

⑤ (1)−0.7 (2)−1.8 (3)$-\dfrac{1}{3}$ (4)$-\dfrac{1}{8}$

解き方 (1)$-1.2+(-0.8)+1.3$
$=-1.2-0.8+1.3=-2+1.3=-0.7$

(2)$0.4+(-1.7)-(+0.5)=0.4-1.7-0.5$
$=0.4-2.2=-1.8$

(3)$-\dfrac{1}{2}+\dfrac{5}{6}+\left(-\dfrac{2}{3}\right)=-\dfrac{3}{6}+\dfrac{5}{6}-\dfrac{4}{6}$

$=\dfrac{5}{6}-\dfrac{3}{6}-\dfrac{4}{6}=\dfrac{5}{6}-\dfrac{7}{6}=-\dfrac{2}{6}=-\dfrac{1}{3}$

(4)$-\dfrac{5}{8}-\left(-\dfrac{4}{3}\right)-\dfrac{5}{6}=-\dfrac{15}{24}+\dfrac{32}{24}-\dfrac{20}{24}$

$=\dfrac{32}{24}-\dfrac{15}{24}-\dfrac{20}{24}=\dfrac{32}{24}-\dfrac{35}{24}=-\dfrac{3}{24}=-\dfrac{1}{8}$

---

p.18〜19 **ぴたトレ2**

◆ (1)−12 (2)+15 (3)−0.9 (4)$-\dfrac{2}{3}$

解き方 0より大きい数((2))に＋，0より小さい数((1)，(3)，(4))に−の符号をつけて表します。

◆ (1)−9 m (2)+3000 円

解き方 数の符号を反対にすると，反対の意味を表します。

(1)「長いこと」を正の数で表すと「短いこと」は負の数になります。

(2)「支出」を負の数で表すと「収入」は正の数になります。

---

③

(4) ‖ (2) (1) (3)

$\dfrac{}{}$ −5 −4 −3 −2 −1 0 ＋1 ＋2 ＋3 ＋4 ＋5

解き方 (1)数直線の1めもりは0.5

(2)$-\dfrac{3}{2}=-1.5$

0より1.5小さい数であるから，原点から左へ1.5進んだ点です。

(3)$+\dfrac{9}{2}=+4.5$

(4)0より5.5小さい数であるから，原点から左へ5.5進んだ点です。

④ (1)$-2.7>-3$ (2)$-\dfrac{4}{3}>-1.4$

(3)$-6<-4<+5$

(4)$-2<-1.6<+0.9$

解き方 (1)絶対値を比べると 2.7＜3
よって −2.7＞−3

(2)$-\dfrac{4}{3}=-1.33\cdots$

(3)まず，負の数どうしを比べると
$-4>-6$

(4)まず，負の数どうしを比べると
$-1.6>-2$

⑤ (1) 1 (2)$\dfrac{5}{7}$ (3)4.3 (4)$\dfrac{9}{8}$

解き方 正負の数から符号をとったものが絶対値であると考えることもできます。

⑥ (1)−32 (2)＋5 (3)−26 (4)−23 (5)＋8
(6)＋65

解き方 計算の結果が正の数のときは，正の符号＋を省略することができます。たとえば(2)では＋5でなく5でも正解です。⑧も同様です。

(1)$(-15)+(-17)=-(15+17)=-32$

(2)$(-28)+(+33)=+(33-28)=+5$

(3)$(+19)+(-45)=-(45-19)=-26$

(4)$(-4)-(+19)=(-4)+(-19)=-23$

(5)$(-18)-(-26)=(-18)+(+26)=+8$

(6)$0-(-65)=0+(+65)=+65$

⑦ (1)−9 (2)−4 (3)−44

解き方 (1)$6-15=(+6)+(-15)=-9$

(2)$-17+13=(-17)+(+13)=-4$

(3)$-28-16=(-28)+(-16)=-44$

8 (1)-6 (2)-13 (3)-26 (4)12

(5)-1.3 (6)0.4 (7)$\dfrac{2}{7}$ (8)$-\dfrac{7}{12}$

解き方
(1)$-18+7+16-11=7+16-18-11$
$\qquad =23-29=-6$
(2)$-15+24-100+78=24+78-15-100$
$\qquad =102-115=-13$
(3)$16+(-31)-25-(-14)$
$\qquad =16-31-25+14=16+14-31-25$
$\qquad =30-56=-26$
(4)$-13-(-17)-(+7)+15$
$\qquad =-13+17-7+15=17+15-13-7$
$\qquad =32-20=12$
(5)$1.4-2.5-0.5+0.3$
$\qquad =1.4+0.3-2.5-0.5$
$\qquad =1.7-3=-1.3$
(6)$-2.4-(-3.2)+(-1.7)+1.3$
$\qquad =-2.4+3.2-1.7+1.3$
$\qquad =3.2+1.3-2.4-1.7$
$\qquad =4.5-4.1=0.4$
(7)$\dfrac{3}{7}-\left(-\dfrac{5}{7}\right)-\dfrac{2}{7}+\left(-\dfrac{4}{7}\right)=\dfrac{3}{7}+\dfrac{5}{7}-\dfrac{2}{7}-\dfrac{4}{7}$
$\qquad =\dfrac{8}{7}-\dfrac{6}{7}=\dfrac{2}{7}$
(8)$-1+\dfrac{1}{2}-\left(-\dfrac{2}{3}\right)-\left(+\dfrac{3}{4}\right)$
$\qquad =-\dfrac{12}{12}+\dfrac{6}{12}+\dfrac{8}{12}-\dfrac{9}{12}$
$\qquad =\dfrac{6}{12}+\dfrac{8}{12}-\dfrac{12}{12}-\dfrac{9}{12}$
$\qquad =\dfrac{14}{12}-\dfrac{21}{12}=-\dfrac{7}{12}$

9 (ア)1 (イ)-6 (ウ)2 (エ)0 (オ)-5

解き方
$(-1)+(-2)+(-3)=-6$
どの並びの和も -6 になります。
(ア)$-6-\{(-4)+(-3)\}=1$
(イ)$-6-\{1+(-1)\}=-6$
(ウ)$-6-\{(-6)+(-2)\}=2$
(エ)$-6-\{(-4)+(-2)\}=0$
(オ)$-6-\{(-1)+0\}=-5$

理解のコツ

・加法と減法の混じった計算では，
〔減法を加法になおす〕→〔加法の記号＋とかっこをは
ぶいて項だけを並べた式にする〕とすると式が簡単に
なり，計算しやすくなるよ。

・3つ以上の項がある計算では，加法の計算法則を使っ
て，くふうして計算するといいよ。

・正，負の小数や分数の計算も，整数と同じように計
算できるよ。

---

p.20〜21 **ぴたトレ1**

1 (1)$+40$ (2)$+24$ (3)-50 (4)-63

(5)0 (6)-2 (7)-12.8 (8)$+9$

解き方
2数の符号と積の符号は次のようになります。
$\quad (+)\times(+)\rightarrow(+)\qquad (-)\times(-)\rightarrow(+)$
$\quad (+)\times(-)\rightarrow(-)\qquad (-)\times(+)\rightarrow(-)$
計算の結果が正の数のときは，正の符号＋を省
略して答えてもかまいません。**2 4** も同様です。
(1)$(+5)\times(+8)=+(5\times8)=+40$
(2)$(-4)\times(-6)=+(4\times6)=+24$
(3)$(+10)\times(-5)=-(10\times5)=-50$
(4)$(-7)\times(+9)=-(7\times9)=-63$
(5)ある数と0の積は，つねに0になります。
(6)$(-1)\times(+2)=-(1\times2)=-2$
(7)$(+4)\times(-3.2)=-(4\times3.2)=-12.8$
(8)$\left(-\dfrac{3}{4}\right)\times(-12)=+\left(\dfrac{3}{4}\times12\right)=+9$

2 (1)24 (2)360 (3)0 (4)-1

解き方
積の符号を先に決めてから，絶対値の積を求め
ます。
(1)$(+3)\times(-2)\times(-4)$
$\qquad =+(3\times2\times4)=24$
(2)$(+4)\times(-9)\times(+2)\times(-5)$
$\qquad =+(4\times9\times2\times5)=360$
(3)かけ合わせる数の中に0がふくまれるから，
　　積は0になります。
(4)$\left(-\dfrac{3}{5}\right)\times(-1)\times\left(-\dfrac{1}{3}\right)\times5$
$\qquad =-\left(\dfrac{3}{5}\times1\times\dfrac{1}{3}\times5\right)$
$\qquad =-\dfrac{3\times1\times1\times5}{5\times3}=-1$

3 (1)9^2 (2)$(-8)^2$ (3)$\left(\dfrac{4}{5}\right)^2$

解き方
(1)9を2個かけているから　9^2
(2)-8^2 は誤りです。
$\quad -8^2=-(8\times8)\qquad (-8)^2=(-8)\times(-8)$
(3)$\dfrac{4^2}{5}$ や $\dfrac{4}{5^2}$ は誤りです。
$\quad \dfrac{4^2}{5}=\dfrac{4\times4}{5}\qquad \dfrac{4}{5^2}=\dfrac{4}{5\times5}$
$\quad \left(\dfrac{4}{5}\right)^2=\dfrac{4}{5}\times\dfrac{4}{5}$

4 (1)49 (2)36

解き方
(1)$(-7)^2=(-7)\times(-7)=49$
(2)$-3^2\times(-4)=-(3\times3)\times(-4)=+(9\times4)=36$

1 (1)-6　(2)0　(3)-0.8　(4)$+3$

解き方

2数の符号と商の符号は次のようになります。

$(+)\div(+)\to(+)$　　$(-)\div(-)\to(+)$
$(+)\div(-)\to(-)$　　$(-)\div(+)\to(-)$

計算の結果が正の数のときは，正の符号＋を省略して答えてもかまいません。

(1)$(+42)\div(-7)=-(42\div7)=-6$
(2)0 をどんな数でわっても商は0です。
(3)$(-5.6)\div(+7)=-(5.6\div7)=-0.8$
(4)$(-1.8)\div(-0.6)=+(1.8\div0.6)=+3$

2 (1)$-\dfrac{14}{9}$　(2)$\dfrac{3}{7}$

解き方

整数の除法で，商は分数で表すことができます。

$$\square\div\bigcirc=\frac{\square}{\bigcirc}$$

(1)$(-14)\div(+9)=-(14\div9)=-\dfrac{14}{9}$

(2)$(-21)\div(-49)=+(21\div49)=\dfrac{21}{49}=\dfrac{3}{7}$

3 (1)$-\dfrac{1}{5}$　(2)-8

解き方

(1)$1\div(-5)=-\dfrac{1}{5}$

(2)$1\div\left(-\dfrac{1}{8}\right)=-8$

(逆数の求め方)求めようとする数を分数で表し，分母と分子を入れかえます。負の数の逆数は負の数になります。

(1)$-5=-\dfrac{5}{1}\diagdown-\dfrac{1}{5}$

4 (1)$-\dfrac{2}{3}$　(2)$\dfrac{5}{4}$

解き方

乗法だけの式になおし，約分を考えます。

(1)$\dfrac{3}{8}\div\left(-\dfrac{9}{16}\right)=\dfrac{3}{8}\times\left(-\dfrac{16}{9}\right)$

$=-\left(\dfrac{3}{8}\times\dfrac{16}{9}\right)=-\dfrac{2}{3}$

(2)$\left(-\dfrac{15}{28}\right)\div\left(-\dfrac{3}{7}\right)=\left(-\dfrac{15}{28}\right)\times\left(-\dfrac{7}{3}\right)$

$=+\left(\dfrac{15}{28}\times\dfrac{7}{3}\right)=\dfrac{5}{4}$

5 (1)-12　(2)$-\dfrac{1}{9}$

解き方

乗法だけの式になおし，約分を考えます。

(1)$-9\times\left(-\dfrac{2}{3}\right)\div\left(-\dfrac{1}{2}\right)=-9\times\left(-\dfrac{2}{3}\right)\times(-2)$

$=-\left(9\times\dfrac{2}{3}\times2\right)=-12$

(2)$\left(-\dfrac{3}{4}\right)\div(-6)\times\left(-\dfrac{8}{9}\right)$

$=\left(-\dfrac{3}{4}\right)\times\left(-\dfrac{1}{6}\right)\times\left(-\dfrac{8}{9}\right)$

$=-\left(\dfrac{3}{4}\times\dfrac{1}{6}\times\dfrac{8}{9}\right)=-\dfrac{1}{9}$

1 (1)4　(2)-12　(3)-3　(4)4

解き方

(1)$(-3)^2+30\div(-6)=9+(-5)=4$
(2)$(5-2^3)\times(-2)^2=(5-8)\times4$
　　$=-3\times4=-12$
(3)$(4^2-7)\div(-3)=(16-7)\div(-3)$
　　$=9\div(-3)=-3$
(4)$(-6^2)\div\{18+(-3)^3\}=(-36)\div(18-27)$
　　$=(-36)\div(-9)=4$

2 (1)-7　(2)644

解き方

(1)$18\times\left(\dfrac{4}{9}-\dfrac{5}{6}\right)=18\times\dfrac{4}{9}-18\times\dfrac{5}{6}$
　　$=8-15=-7$
(2)$(8-100)\times(-7)=8\times(-7)-100\times(-7)$
　　$=-56-(-700)=644$

3 ㋑(例)$2\div(-3)=-\dfrac{2}{3}$

解き方

整数と整数の和，差，積はいつも整数になります。加法，減法，乗法は，整数の集合の中でいつでも行うことができます。

ただし，商はいつも整数になるとは限りません。除法がいつでもできるようにするには，数の範囲を「すべての数」にひろげる必要があります。

1 19，23，29

解き方

素数は，それよりも小さい自然数の積の形には表すことができない自然数のことです。素数の約数は，1とその数自身だけです。

14 の約数は，1，2，7，14
15 の約数は，1，3，5，15
18 の約数は，1，2，3，6，9，18
21 の約数は，1，3，7，21

2 (1)$2^2\times3^2$　(2)$2^2\times3^3$

解き方

(1)
$$\begin{array}{r}2)\,\underline{36}\\ 2)\,\underline{18}\\ 3)\,\underline{\ 9}\\ 3\end{array}$$

$36\left\{\begin{array}{l}4\left\{\begin{array}{l}2\\2\end{array}\right.\\9\left\{\begin{array}{l}3\\3\end{array}\right.\end{array}\right.$

(2)
$$
\begin{array}{r}
2\,\underline{)\,108} \\
2\,\underline{)\,54} \\
3\,\underline{)\,27} \\
3\,\underline{)\,9} \\
3
\end{array}
$$

$$108 \Big\langle \begin{array}{l} 4 \Big\langle\begin{array}{l}2\\2\end{array} \\ 27 \Big\langle\begin{array}{l}3\\9\Big\langle\begin{array}{l}3\\3\end{array}\end{array}\end{array}$$

3 (1)28　(2)24

解き方

それぞれの数を素因数分解して求めます。

(1)
$$
\begin{array}{r}
2\,\underline{)\,784} \\
2\,\underline{)\,392} \\
2\,\underline{)\,196} \\
2\,\underline{)\,98} \\
7\,\underline{)\,49} \\
7
\end{array}
$$
$2^4 \times 7^2$

$2^2 \times 7$ は 28，$784 = 28^2$

(2)
$$
\begin{array}{r}
2\,\underline{)\,576} \\
2\,\underline{)\,288} \\
2\,\underline{)\,144} \\
2\,\underline{)\,72} \\
2\,\underline{)\,36} \\
2\,\underline{)\,18} \\
3\,\underline{)\,9} \\
3
\end{array}
$$
$2^6 \times 3^2$

$2^3 \times 3$ は 24，$576 = 24^2$

4 (1)

曜日	日	月	火	水	木	金	土
ちがい(個)	$+10$	-6	-5	$+8$	-9	$+7$	$+2$

(2)61 個

(1)各曜日の販売個数から 60 をひいた差を求めます。

日曜日　$70-60=+10$

月曜日　$54-60=-6$

(2)60 個とのちがいの合計は，

$(+10)+(-6)+(-5)+(+8)+(-9)+(+7)+(+2)$
$=+7$

$(平均) = (基準の値) + \dfrac{(基準とのちがいの合計)}{(数量の個数)}$

の式を使って

平均は　$60 + \dfrac{7}{7} = 61$（個）

---

p.28～29　　　　　**ぴたトレ2**

① (1)54　(2)-42　(3)-10.8　(4)-9　(5)-25

(6)$\dfrac{1}{6}$　(7)64　(8)-98　(9)9

解き方

(1)$(-9)\times(-6) = +(9\times6) = 54$

(2)$(-14)\times(+3) = -(14\times3) = -42$

(3)$(+2.7)\times(-4) = -(2.7\times4) = -10.8$

(4)$(-12)\times0.75 = -(12\times0.75) = -9$

小数を分数で表すと，計算が簡単になることがあります。

$(-12)\times0.75 = (-12)\times\dfrac{3}{4} = -9$

---

(5)$35\times\left(-\dfrac{5}{7}\right) = -\left(35\times\dfrac{5}{7}\right) = -25$

(6)$\left(-\dfrac{3}{8}\right)\times\left(-\dfrac{4}{9}\right) = +\left(\dfrac{3}{8}\times\dfrac{4}{9}\right) = \dfrac{1}{6}$

(7)$(-8)^2 = (-8)\times(-8) = 64$

(8)$2\times(-7^2) = 2\times\{-(7\times7)\} = 2\times(-49) = -98$

(9)$(-3)^2\times(-1)^4$
　$= \{(-3)\times(-3)\}\times\{(-1)\times(-1)\times(-1)\times(-1)\}$
　$= 9\times1 = 9$

② (1) 4　(2)-8　(3)-6　(4)$-\dfrac{7}{9}$　(5)$\dfrac{4}{5}$　(6)$-\dfrac{1}{25}$

解き方

(1)$(-32)\div(-8) = +(32\div8) = 4$

(2)$(-120)\div(+15) = -(120\div15) = -8$

(3)$10.8\div(-1.8) = -(10.8\div1.8) = -6$

(4)$(-63)\div81 = -\dfrac{63}{81} = -\dfrac{7}{9}$

(5)$\left(-\dfrac{18}{25}\right)\div\left(-\dfrac{9}{10}\right) = \left(-\dfrac{18}{25}\right)\times\left(-\dfrac{10}{9}\right)$
　$= +\left(\dfrac{18}{25}\times\dfrac{10}{9}\right) = \dfrac{4}{5}$

(6)$\dfrac{4}{5}\div(-20) = \dfrac{4}{5}\times\left(-\dfrac{1}{20}\right)$
　$= -\left(\dfrac{4}{5}\times\dfrac{1}{20}\right) = -\dfrac{1}{25}$

③ (1)26　(2)-10　(3)$\dfrac{1}{4}$　(4)$\dfrac{7}{3}$

解き方

除法は乗法になおして計算します。

(1)$-5\times2.6\times(-2) = \{-5\times(-2)\}\times2.6$
　$= 10\times2.6 = 26$

(2)$-6\div(-3)^2\times15 = -6\div9\times15$
　$= -6\times\dfrac{1}{9}\times15 = -10$

(3)$\left(-\dfrac{4}{5}\right)\times\left(-\dfrac{1}{2}\right)\div\dfrac{8}{5} = \left(-\dfrac{4}{5}\right)\times\left(-\dfrac{1}{2}\right)\times\dfrac{5}{8}$
　$= +\left(\dfrac{4}{5}\times\dfrac{1}{2}\times\dfrac{5}{8}\right) = \dfrac{1}{4}$

(4)$\left(-\dfrac{2}{3}\right)\div\left(-\dfrac{1}{4}\right)\times\dfrac{7}{8} = \left(-\dfrac{2}{3}\right)\times(-4)\times\dfrac{7}{8}$
　$= +\left(\dfrac{2}{3}\times4\times\dfrac{7}{8}\right) = \dfrac{7}{3}$

④ (1)-39　(2)30　(3)$-\dfrac{5}{2}$　(4)11　(5)23　(6)-9

解き方

(1)$-15+(-6)\times4 = -15+(-24) = -39$

(2)$(-42)\div(-7)-8\times(-3) = 6-(-24) = 30$

(3)$-\dfrac{7}{4}\div\dfrac{3}{5}-\dfrac{2}{3}\times\left(-\dfrac{5}{8}\right)$
　$= -\dfrac{7}{4}\times\dfrac{5}{3}-\dfrac{2}{3}\times\left(-\dfrac{5}{8}\right)$
　$= -\dfrac{35}{12}-\left(-\dfrac{5}{12}\right) = -\dfrac{30}{12} = -\dfrac{5}{2}$

(4)$8-5\times(-3)+(-12) = 8-(-15)+(-12)$
　$= 8+15-12 = 11$

$(5)-7-(3-8)\times6=-7-(-5)\times6$
　　$=-7-(-30)=23$

$(6)\{36-(-9)\}\div(-5)=45\div(-5)=-9$

⑤ $(1)\,7$　$(2)-\dfrac{5}{2}$　$(3)-24$　$(4)-19$　$(5)11$　$(6)140$

解き方

$(1)23+(-8)^2\div(-4)$
　　$=23+64\div(-4)=23+(-16)=7$

$(2)(-5)^2\div\{-5^2-(-15)\}$
　　$=25\div(-25+15)=25\div(-10)$
　　$=-\dfrac{25}{10}=-\dfrac{5}{2}$

$(3)-2^2\div\dfrac{1}{3}-(-3)\div\left(-\dfrac{1}{4}\right)$
　　$=-4\times3-(-3)\times(-4)=-12-12=-24$

$(4)(-4)^2\times\left(-\dfrac{3}{2}\right)-(-3)\div0.6$
　　$=(-4)^2\times\left(-\dfrac{3}{2}\right)-(-3)\div\dfrac{3}{5}$
　　$=16\times\left(-\dfrac{3}{2}\right)-(-3)\times\dfrac{5}{3}$
　　$=-24-(-5)=-19$

$(5)-24\times\left(\dfrac{3}{8}-\dfrac{5}{6}\right)=-24\times\dfrac{3}{8}-(-24)\times\dfrac{5}{6}$
　　$=-9-(-20)=11$

$(6)15\times(-7)-35\times(-7)=(15-35)\times(-7)$
　　$=-20\times(-7)=140$

⑥ $(1)2^3\times7$　$(2)5^2\times11$
　　$(3)3^2\times19$

解き方

(1)
$\begin{array}{r}2\,)\,56\\ \hline 2\,)\,28\\ \hline 2\,)\,14\\ \hline 7\end{array}$
　　(2)
$\begin{array}{r}5\,)\,275\\ \hline 5\,)\,55\\ \hline 11\end{array}$
　　(3)
$\begin{array}{r}3\,)\,171\\ \hline 3\,)\,57\\ \hline 19\end{array}$

⑦ (1)金曜日　(2)日曜日…22 ℃，土曜日…23 ℃

解き方

日曜日の正午の気温を基準にすると
　月曜日　-1
　火曜日　$(-1)+(-3)=-4$(℃)
　水曜日　$(-4)+(+5)=+1$(℃)
　木曜日　$(+1)+(-2)=-1$(℃)
　金曜日　$(-1)+(+3)=+2$(℃)
　土曜日　$(+2)+(-1)=+1$(℃)
(1)もっとも高いのは，$+2$(℃)の金曜日です。
(2)日曜日　$18-(-4)=22$(℃)
　　土曜日　$22+(+1)=23$(℃)

⑧ **159 cm**

解き方

基準の値を 160 cm とすると，160 とのちがいの合計は
$(+5)+(-7)+(+2)+(-4)+(-3)+(+1)$
$=-6$(cm)

平均は　$160+\dfrac{-6}{6}=159$(cm)

理解のコツ

・乗除の計算では，積や商の符号を決めてから答えを求めるといいよ。絶対値の計算は，順序や組み合わせをくふうしたり，途中で約分するなどして手際よく正確にしよう。

・四則の混じった式は，まず計算の順序を確かめよう。累乗→かっこの中→乗除→加減の順をおさえておく。

・平均の計算では，基準とのちがいを正負の数で表し，それを使って求められるようにしておこう。

p.30〜31　　　　　　ぴたトレ3

① $(1)-3$　$(2)0.4$　$(3)-2.5$ と $\dfrac{5}{2}$　$(4)-3$

解き方

(1)負の数の中で絶対値がもっとも大きい数を選びます。

(2)絶対値がもっとも小さい数を選びます。
　　$-\dfrac{2}{3}=-0.66\cdots$
　　$0.4<0.66\cdots$ より，0.4 の方が 0 に近いです。

$(3)\dfrac{5}{2}=2.5$

(4)負の数の中で絶対値がもっとも大きいのは -3，正の数の中で絶対値がもっとも大きいのは $\dfrac{5}{2}$ です。
　　$3>\dfrac{5}{2}$ より，-3 の方が絶対値が大きくなります。

② (1)東へ -3 km 進む　$(2)5$，-9　$(3)-1$，0，1
　　$(4)-2$

解き方

(1)ことばが反対になるから，数の符号を変えて「-3」とします。

(2)数直線上で -2 を表す点から正の方向へ 7 進むと 5，負の方向へ 7 進むと -9

$(3)-2$ と 2 の間にある整数を答えます。
　　-2 と 2 はふくみません。

(4)正の数を使っていいかえると「-5 より 3 大きい数」を求めることと同じです。

❸ (1)$-4<-3.2$　(2)$-\dfrac{3}{4}<-0.2<0.6$

解き方
(1)負の数は絶対値が大きいほど小さくなります。

(2)$\dfrac{3}{4}=0.75$　　$0.75>0.2$

　　よって　$-\dfrac{3}{4}<-0.2$

❹ (1)4　(2)8　(3)-2.7　(4)$-\dfrac{19}{24}$　(5)-0.5

(6)$-\dfrac{1}{3}$

解き方
(1)$-8+12=+(12-8)=4$

(2)$-3-(-11)=-3+11=+(11-3)=8$

(3)$5.6-8.3=5.6+(-8.3)=-(8.3-5.6)$

　　$=-2.7$

(4)$-\dfrac{3}{8}-\dfrac{5}{12}=-\dfrac{9}{24}+\left(-\dfrac{10}{24}\right)=-\left(\dfrac{9}{24}+\dfrac{10}{24}\right)$

　　$=-\dfrac{19}{24}$

(5)$-2.1-1.6-(-3.2)=-2.1-1.6+3.2$

　　$=3.2-2.1-1.6=3.2-3.7=-0.5$

(6)$\dfrac{5}{6}+\left(-\dfrac{2}{3}\right)-\dfrac{1}{2}=\dfrac{5}{6}+\left(-\dfrac{4}{6}\right)-\dfrac{3}{6}$

　　$=\dfrac{5}{6}-\dfrac{4}{6}-\dfrac{3}{6}=\dfrac{5}{6}-\dfrac{7}{6}=-\dfrac{2}{6}=-\dfrac{1}{3}$

❺ (1)9　(2)23　(3)$-\dfrac{1}{12}$　(4)-1　(5)-2

(6)61

解き方
(1)$(-6)\times(-1.5)=+(6\times1.5)=9$

(2)$-7-6\times(-5)=-7-(-30)$

　　$=-7+30=23$

(3)$4\div(-8)-\left(-\dfrac{2}{3}\right)\times\dfrac{5}{8}$

　　$=-\dfrac{4}{8}-\left(-\dfrac{5}{12}\right)$

　　$=-\dfrac{1}{2}+\dfrac{5}{12}$

　　$=-\dfrac{6}{12}+\dfrac{5}{12}=-\dfrac{1}{12}$

(4)$-20\times\left(\dfrac{3}{4}-\dfrac{7}{10}\right)$

　　$=-20\times\dfrac{3}{4}-(-20)\times\dfrac{7}{10}$

　　$=-15-(-14)$

　　$=-15+14=-1$

(5)$\dfrac{8}{15}\div(-0.2)\times\dfrac{3}{4}$

　　$=\dfrac{8}{15}\div\left(-\dfrac{1}{5}\right)\times\dfrac{3}{4}$

　　$=\dfrac{8}{15}\times(-5)\times\dfrac{3}{4}$

　　$=-\left(\dfrac{8}{15}\times5\times\dfrac{3}{4}\right)=-2$

(6)$4^2-5\times\{(-1)^3-2^3\}=16-5\times\{(-1)-8\}$

　　$=16-5\times(-9)=16-(-45)=61$

❻ (1)13　(2)16

解き方
(1)13) 169　　13^2
　　　 13
　　　169　　$169=13^2$

(2)2) 256　　2^8
　　2) 128
　　2) 64
　　2) 32
　　2) 16
　　2) 8
　　2) 4
　　　　2

　　2^4 は 16, $256=16^2$

❼ (1)いつでも正しいとはいえない。

　　(例)$(-2)-(-8)=6$

(2)いつでも正しいとはいえない。

　　(例1)$3\div2=1.5$

　　(例2)$2\div3=\dfrac{2}{3}$

解き方
(1)(負の数)$-$(負の数) では,
　(ひかれる数の絶対値)$<$(ひく数の絶対値)
　のとき, 答えは正の数になります。

(2)わりきれずに小数や分数になる場合があります。

❽ (1)7 ℃　(2)21 ℃

解き方
(1)もっとも高いのは, 差がもっとも大きい日曜日です。
　もっとも低いのは, 差がもっとも小さい木曜日です。
　$(+5)-(-2)=7$(℃)

(2)ちがいの合計は
　$(+5)+(-1)+0+(+2)+(-2)+(-1)+(+4)$
　$=7$(℃)

　平均は　$20+\dfrac{7}{7}=21$(℃)

2章　文字と式

ぴたトレ0

1 (1)680円　(2)$x \times 6 + 200 = y$　(3)740

解き方

(2)ことばの式を使って考えるとわかりやすいです。(1)で考えた値段80円のところをx円におきかえて式をつくります。上の答え以外の表し方でも，意味があっていれば正解です。

2 (1)ノート8冊の代金
(2)ノート1冊と鉛筆1本を合わせた代金
(3)ノート4冊と消しゴム1個を合わせた代金

解き方

式の中の数が，それぞれ何を表しているのかを考えます。
(3)$x \times 4$ はノート4冊，70円は消しゴム1個の代金です。

ぴたトレ1

1 (1)$(1000 - 350 \times x)$円
(2)$(a \div 6)$ m

解き方

ことばの式に数やことばをあてはめます。単位を忘れずにつけましょう。
(1)(おつり)＝(出した金額)－(代金)
(2)(1本分の長さ)＝(もとの長さ)÷(本数)

2 (1)$-a$　(2)$-6ax$　(3)$8(a+b)$　(4)$x^3 y^2$

解き方

乗法の記号×をはぶき，数は文字の前に書くことが基本です。小数，分数でも文字の前に書きます。
(1)$-1a$ とはしないで，$-a$ と書きます。
(2)ふつうアルファベット順に書きます。
(3)かっこの中の式は1つのものと考えます。かっこはそのままにして，数を前に書きます。
(4)x は3個あるから，指数を使って x^3 と書きます。y は2個あるので，y^2 と書きます。

3 (1)$-2x + 3y^2$　(2)$ab - a^3$

解き方

乗法の記号×をはぶきますが，加法や減法の記号＋，－をはぶかないようにします。
(1)加法の記号＋でつながれた前と後を乗法の記号×をはぶいて表し，＋でつなぎます。
$x \times (-2) = -2x$　　$y \times 3 \times y = 3y^2$
よって　　　$-2x + 3y^2$
(2)$b \times a = ab$　　$a \times a \times a = a^3$
よって　　　$ab - a^3$

4 (1)$\dfrac{x}{5}$　$\left(\dfrac{1}{5}x \right)$　(2)$-\dfrac{a}{6}$　$\left(-\dfrac{1}{6}a \right)$
(3)$\dfrac{a-b}{10}$　$\left(\dfrac{1}{10}(a-b) \right)$　(4)$\dfrac{4a}{7}$　$\left(\dfrac{4}{7}a \right)$

(5)$\dfrac{3y}{x}$　(6)$\dfrac{8}{ab}$

解き方

分数の形で書くことが基本です。
(1)$x \div 5 = x \times \dfrac{1}{5}$ と考えて，$\dfrac{1}{5}x$ と表しても正解です。
(2)負の符号は分数の前に書きます。
$a \div (-6) = a \times \left(-\dfrac{1}{6} \right)$ と考えて，$-\dfrac{1}{6}a$ と表しても正解です。
(3)分数では分子全体を1つのものとみるので，ひとかたまりを示すかっこはとります。
$(a-b) \div 10 = (a-b) \times \dfrac{1}{10}$ と考えて，$\dfrac{1}{10}(a-b)$ と表しても正解です。
(4)$4 \times a \div 7 = 4a \div 7 = \dfrac{4a}{7}$
(5)$3 \div x \times y = \dfrac{3}{x} \times y = \dfrac{3y}{x}$
(6)$8 \div a \div b = 8 \times \dfrac{1}{a} \times \dfrac{1}{b} = \dfrac{8 \times 1 \times 1}{a \times b} = \dfrac{8}{ab}$

5 (1)$2 \times a \times b \times b$　(2)$x \times y \div 9$
(3)$a \times (x-y) \div 4$

解き方

何通りかの表し方がありますが，もっとも基本的な形で答えます。
(1)$2ab^2 = 2 \times a \times b^2 = 2 \times a \times b \times b$
(2)$\dfrac{xy}{9} = xy \div 9 = x \times y \div 9$
(3)$\dfrac{a(x-y)}{4} = a(x-y) \div 4 = a \times (x-y) \div 4$

ぴたトレ1

1 (1)$(1000 - 2a)$円　(2)$\dfrac{11}{100}x$ g$(0.11x$ g$)$

(3)$\dfrac{a}{4}$ 時間　(4)$35x$ m　(5)25π cm^2

解き方

(1)(おつり)＝(出した金額)－(代金)
　代金は　$a \times 2 = 2a$(円)
(2)$x \times \dfrac{11}{100} = \dfrac{11}{100}x$(g)
(3)(時間)＝(道のり)÷(速さ)
　$a \div 4 = \dfrac{a}{4}$ (時間)
(4)(道のり)＝(速さ)×(時間)
　$x \times 35 = 35x$(m)
(5)(円の面積)＝(半径)×(半径)×π
　$5 \times 5 \times \pi = 25\pi$(cm^2)

2 (1)7　(2)-12　(3)5

解き方

乗法の記号を使った式に表してから数を代入します。

(1) $5a-3=5\times a-3$
$=5\times 2-3=10-3=7$

(2) $-6a=-6\times a$
$=-6\times 2=-12$

(3) $13-4a=13-4\times a$
$=13-4\times 2=13-8=5$

3 (1) -5 (2) 24 (3) 21

解き方

負の数は，かっこに入れて代入します。

(1) $4a+7=4\times a+7$
$=4\times(-3)+7=-12+7=-5$

(2) $-8a=-8\times a$
$=-8\times(-3)=24$

(3) $6-5a=6-5\times a$
$=6-5\times(-3)=6-(-15)=21$

4 (1) -4 (2) 1 (3) 8

解き方

(1) $12x=12\times x=12\times\left(-\frac{1}{3}\right)=-4$

(2) $3x+2=3\times x+2$
$=3\times\left(-\frac{1}{3}\right)+2=-1+2=1$

(3) $5-9x=5-9\times x$
$=5-9\times\left(-\frac{1}{3}\right)=5-(-3)=8$

5 $x=4$ のとき (1) -4 (2) 16 (3) 64
$x=-5$ のとき (1) 5 (2) 25 (3) -125

解き方

$x=4$ のとき

(1) $-x=(-1)\times 4=-4$

(2) $x^2=4^2=4\times 4=16$

(3) $x^3=4^3=4\times 4\times 4=64$

$x=-5$ のとき

(1) $-x=(-1)\times(-5)=5$

(2) $x^2=(-5)^2=(-5)\times(-5)=25$

(3) $x^3=(-5)^3=(-5)\times(-5)\times(-5)=-125$

6 (1) -6 (2) 25 (3) -7

解き方

(1) $2x+3y=2\times x+3\times y$
$=2\times 3+3\times(-4)=6-12=-6$

(2) $x^2-4y=x^2-4\times y$
$=3^2-4\times(-4)=9+16=25$

(3) $3x-y^2=3\times x-y^2$
$=3\times 3-(-4)^2=9-16=-7$

p.38～39 ぴたトレ2

1 (1) $-0.1x$ (2) $-x^2y$ (3) $-3(a-b)$

(4) $\frac{a}{4}$ (5) $-\frac{x}{6}$ (6) $-\frac{x+y}{5}$ (7) $-\frac{xy}{2}$

(8) $\frac{xy}{5}$ (9) $\frac{a}{3b}$ (10) $2x+5y$ (11) $3x-\frac{y}{4}$

(12) $-\frac{a}{3}+7b$

解き方

(1) 1 をはぶいて $-0.x$ としてはいけません。

(2) 係数が 1 や -1 のとき，1 は書きません。

(3) $(a-b)$ のかっこをはぶいてはいけません。

(4) $\frac{1}{4}a$ でも正解です。

(5) 負の符号は分数の前に書きます。
$-\frac{1}{6}x$ としてもかまいません。

(6) $-\frac{1}{5}(x+y)$ としてもかまいません。

(7) $y\times x\div(-2)=xy\div(-2)$
$=-\frac{xy}{2}$ $\left(-\frac{1}{2}xy\right)$

(8) $x\div 5\times y=\frac{x}{5}\times y$
$=\frac{xy}{5}$ $\left(\frac{1}{5}xy\right)$

(9) $a\div b\div 3=a\times\frac{1}{b}\times\frac{1}{3}=\frac{a}{3b}$

(10) 加法の記号＋をはぶくことはできません。
$2\times x=2x$ $y\times 5=5y$
これを＋で結んで $2x+5y$

(11) $x\times 3=3x$ $y\div 4=\frac{y}{4}$
これを－で結んで $3x-\frac{y}{4}$ $\left(3x-\frac{1}{4}y\right)$

(12) $a\div(-3)=-\frac{a}{3}$ $b\times 7=7b$
これを＋で結んで $-\frac{a}{3}+7b$ $\left(-\frac{1}{3}a+7b\right)$

2 (1) $-5\times x\times y\times y$ (2) $3\times a\times b\div 4$
(3) $(a+8)\div 5$ (4) $5\times x-y\div 2$

解き方

(2) $\frac{3ab}{4}=3ab\div 4=3\times a\times b\div 4$
$\frac{3}{4}\times a\times b$ でも正解です。

(3) 分子の式のかっこを忘れないようにしましょう。

(4) $5\times x-\frac{1}{2}\times y$ としてもかまいません。

③ (1) $\dfrac{200}{x}$ 分　(2)$(1000-80x)$ m

(3)$\left(500-\dfrac{4}{5}a\right)$ 円／$(500-0.8a)$ 円

(4)$\dfrac{13}{10}x$ 円／$1.3x$ 円

解き方
(1)$200 \div x = \dfrac{200}{x}$ (分)

(2)進んだ道のりは
$80 \times x = 80x$ (m)

(3)$500 - \left(1 - \dfrac{2}{10}\right) \times a = 500 - \dfrac{8}{10}a$

$\qquad\qquad\qquad = 500 - \dfrac{4}{5}a$ (円)

(4)$x \times \left(1 + \dfrac{30}{100}\right) = x \times \dfrac{130}{100} = \dfrac{13}{10}x$ (円)

④ (1)表している数量…長方形の周の長さ

単位…cm

(2)表している数量…長方形の面積

単位…cm²

解き方
(1)$2a = a \times 2 = (縦の長さ) \times 2$

$14 = 7 \times 2 = (横の長さ) \times 2$

よって，$2a + 14$ は長方形の周の長さを表します。

(2)$7a = a \times 7 = (縦) \times (横)$ より，$7a$ は面積を表します。

⑤ (1)① -36　② 36　③ 216

(2)① 8　② 6　③ 1

(3)① 3　② 0　③ -7

解き方
(1)① $-a^2 = -(-6)^2 = -36$

② $-a = -(-6) = 6$

$(-a)^2 = 6^2 = 36$

③ $-(-6)^3 = -(-6) \times (-6) \times (-6) = 216$

(2)① $\dfrac{4}{x} = 4 \div x = 4 \div \dfrac{1}{2} = 8$

② $7 - 2x = 7 - 2 \times \dfrac{1}{2} = 6$

③ $4x^2 - 2x + 1 = 4 \times \left(\dfrac{1}{2}\right)^2 - 2 \times \dfrac{1}{2} + 1$

$\qquad\qquad = 4 \times \dfrac{1}{2} \times \dfrac{1}{2} - 1 + 1 = 1$

(3)① $4a + 3b = 4 \times (-3) + 3 \times 5$

$\qquad\qquad = -12 + 15 = 3$

② $a^2 + 2a - 3 = (-3)^2 + 2 \times (-3) - 3$

$\qquad\qquad = 9 - 6 - 3 = 0$

③ $2a^2 - b^2 = 2 \times (-3)^2 - 5^2$

$\qquad\qquad = 18 - 25 = -7$

⑥ (1)12 個，20 個，28 個，36 個　(2)$(4+8n)$ 個

(3)404 個

(1)下の図のように考えます。

正方形が 1 個のとき　$4 + 8 = 12$（個）

2 個のとき　$4 + 8 \times 2 = 20$（個）

3 個のとき　$4 + 8 \times 3 = 28$（個）

4 個のとき　$4 + 8 \times 4 = 36$（個）

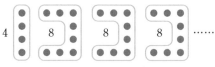

(2)(1)のように考えて，正方形が n 個のとき

$4 + 8 \times n = 4 + 8n$（個）

(3)求めた式に $n = 50$ を代入すると

$4 + 8n = 4 + 8 \times 50 = 404$（個）

――― 理解のコツ ―――

・乗除の記号×，÷をはぶくが，加減の記号＋，－はぶかない。まず，文字式の表し方をしっかり頭に入れよう。

・数量を文字式で表すときは，ことばの式をつくってから数や文字をあてはめ，文字式の表し方のきまりにしたがって表すとよい。

・式の値を求めるときは，×や÷を使った式に表してから数を代入するとよい。負の数を代入するときは，必ずかっこをつけて代入する。

・規則性の問題を考えるときは，図や表を使って，規則性を見つけるとよい。

p.40〜41　　　　ぴたトレ1

1 (1)項…$3x$，-7

x の係数…3

(2)項…5，$\dfrac{x}{4}$

x の係数…$\dfrac{1}{4}$

(3)項…a，$-6b$，-2

a の係数…1

b の係数…-6

解き方
加法の式に表して調べます。

(1)$3x - 7 = 3x + (-7)$

(2)$\dfrac{x}{4} = \dfrac{1}{4}x$　　x の係数は $\dfrac{1}{4}$

(3)$a - 6b - 2 = a + (-6b) + (-2)$

$a = 1 \times a$　　a の係数は 1

2 $(1)9x$　$(2)3a$　$(3)x$　$(4)5x+10$　$(5)\dfrac{7}{12}x$

$(6)0.2b$

解き方

$(1)3x+6x=(3+6)x=9x$

$(2)5a-2a=(5-2)a=3a$

$(3)2x-x=(2-1)x=x$

$(4)9x+8-4x+2=9x-4x+8+2$
　$=(9-4)x+(8+2)=5x+10$

$(5)\dfrac{1}{3}x+\dfrac{1}{4}x=\dfrac{4}{12}x+\dfrac{3}{12}x=\dfrac{7}{12}x$

$(6)b-0.8b=1.0b-0.8b=0.2b$

3 $(1)7x+8$　$(2)9a-5$　$(3)-4x+3$

$(4)-x$　$(5)-2$　$(6)3y+10$

解き方

かっこをはずして式をまとめます。

$(1)(4x+3)+(3x+5)=4x+3+3x+5$
　$=4x+3x+3+5=7x+8$

$(2)(7a+3)+(2a-8)=7a+3+2a-8$
　$=7a+2a+3-8=9a-5$

$(3)(x+7)+(-5x-4)=x+7-5x-4$
　$=x-5x+7-4=-4x+3$

$(4)(-3x+5)+(2x-5)=-3x+5+2x-5$
　$=-3x+2x+5-5=-x$

$(5)(6x-9)+(-6x+7)=6x-9-6x+7$
　$=6x-6x-9+7=-2$

$(6)(4+5y)+(-2y+6)=4+5y-2y+6$
　$=5y-2y+4+6=3y+10$

4 $(1)4a-3$　$(2)-4x-7$　$(3)3a+10$

$(4)a+1$　$(5)-1$　$(6)9a-2$

解き方

ひく式のかっこをはずすときには，かっこ内の
すべての項の符号を変えます。

$(1)(6a+2)-(2a+5)=6a+2-2a-5$
　$=6a-2a+2-5=4a-3$

$(2)(x-8)-(5x-1)=x-8-5x+1$
　$=x-5x-8+1=-4x-7$

$(3)(4a+3)-(a-7)=4a+3-a+7$
　$=4a-a+3+7=3a+10$

$(4)(-2a+9)-(-3a+8)=-2a+9+3a-8$
　$=-2a+3a+9-8=a+1$

$(5)(-8y+5)-(-8y+6)=-8y+5+8y-6$
　$=-8y+8y+5-6=-1$

$(6)(2+3a)-(4-6a)=2+3a-4+6a$
　$=3a+6a+2-4=9a-2$

p.42〜43 **ぴたトレ1**

1 $(1)15x$　$(2)-28a$　$(3)3x$　$(4)8a-6$

$(5)-7x+2$　$(6)-\dfrac{1}{3}x+2$

解き方

$(1)3x\times5=3\times x\times5$
　$=3\times5\times x=15x$

$(2)4a\times(-7)=4\times a\times(-7)$
　$=4\times(-7)\times a=-28a$

$(3)(-6x)\times\left(-\dfrac{1}{2}\right)=(-6)\times x\times\left(-\dfrac{1}{2}\right)$

　$=(-6)\times\left(-\dfrac{1}{2}\right)\times x=3x$

$(4)2(4a-3)=2\times4a+2\times(-3)$
　$=8a-6$

$(5)-(7x-2)=(-1)\times7x+(-1)\times(-2)$
　$=-7x+2$

$(6)-\dfrac{1}{6}(2x-12)=\left(-\dfrac{1}{6}\right)\times2x+\left(-\dfrac{1}{6}\right)\times(-12)$

　$=-\dfrac{1}{3}x+2$

2 $(1)5a$　$(2)3a$　$(3)-16x$　$(4)2x+1$

$(5)-3x+4$　$(6)20x-70$

解き方

除法は，逆数を使って乗法になおして計算する
のが基本ですが，分数の形に表して約分すると
答えが求められるものもあります。

$(1)20a\div4=\dfrac{20a}{4}=\dfrac{20\times a}{4}=5a$

$(2)-24a\div(-8)=\dfrac{-24a}{-8}=\dfrac{-24\times a}{-8}=3a$

$(3)12x\div\left(-\dfrac{3}{4}\right)=12x\times\left(-\dfrac{4}{3}\right)$

　$=12\times\left(-\dfrac{4}{3}\right)\times x=-16x$

$(4)(10x+5)\div5=(10x+5)\times\dfrac{1}{5}$

　$=10x\times\dfrac{1}{5}+5\times\dfrac{1}{5}=2x+1$

　（別解）$(10x+5)\div5=\dfrac{10x+5}{5}$

　$=\dfrac{\overset{2}{10x}+\overset{1}{5}}{\underset{1}{5}}=2x+1$

$(5)(9x-12)\div(-3)=(9x-12)\times\left(-\dfrac{1}{3}\right)$

　$=9x\times\left(-\dfrac{1}{3}\right)+(-12)\times\left(-\dfrac{1}{3}\right)=-3x+4$

$(6)(2x-7)\div\dfrac{1}{10}=(2x-7)\times10=20x-70$

3 $(1)12x+4$　$(2)-10a-25$

(1) $\dfrac{3x+1}{5} \times 20 = \dfrac{(3x+1)}{\cancel{5}_1} \times \cancel{20}^4$

$= (3x+1) \times 4 = 12x+4$

(2) $-15 \times \dfrac{2a+5}{3} = -\cancel{15}^5 \times \dfrac{2a+5}{\cancel{3}_1}$

$= -5 \times (2a+5) = -10a-25$

4 (1)$3x-28$　(2)$8x-9$　(3)$2x+9$

(4)$-17a+8$　(5)$5a-10$　(6)$x+8$

分配法則を使ってかっこをはずします。符号の変化や，かけ忘れに注意します。

(1)$4(3x-7)-9x = 12x-28-9x$

$= 12x-9x-28$

$= 3x-28$

(2)$3(x+2)+5(x-3) = 3x+6+5x-15$

$= 3x+5x+6-15$

$= 8x-9$

(3)$2(4x-3)-3(2x-5) = 8x-6-6x+15$

$= 8x-6x-6+15$

$= 2x+9$

(4)$7(a-4)-4(6a-9) = 7a-28-24a+36$

$= 7a-24a-28+36$

$= -17a+8$

(5)$-(a-8)+6(a-3) = -a+8+6a-18$

$= -a+6a+8-18$

$= 5a-10$

(6)$-5(x-3)-(-6x+7) = -5x+15+6x-7$

$= -5x+6x+15-7$

$= x+8$

---

p.44〜45　**ぴたトレ1**

1 (1)表している数量…買った鉛筆とペンの本数

単位…本

(2)表している数量…鉛筆 a 本とペン b 本の代金の合計

単位…円

(1)$a+b$ は，お店で買った鉛筆 a 本とペン b 本の合計を表しています。本数を表しているので，単位は(本)です。

(2)$100a+150b$ は，お店で買った1本100円の鉛筆 a 本と1本150円のペン b 本の代金の合計を表しています。単位は(円)です。

2 (1)$700=50a+80b$　(2)$y=1500-60x$

(3)$b=\dfrac{70+a}{2}$

(1)(代金の合計)

$=$(画用紙の代金)$+$(色画用紙の代金)

---

(2)残りの道のりについて表すと

$y=1500-60x$

全体の道のりについて表すと

$1500=60x+y$

(3)平均点について表すと

$b=\dfrac{70+a}{2}$

合計点について表すと

$2b=70+a$

3 (1)$x<4$　(2)$y>-5$　(3)$6a+b<25$

(4)$3x+5y \geqq 400$　(5)$2a+3b \leqq 500$

不等号の種類と向きに注意します。

(1)4 をふくみません。

(2)-5 をふくみません。

(3)$6a+b$ が 25 より小さいです。

(4)$3x+5y$ が 400 より大きい，または等しいです。

(5)「500 円で買うことができた」は，代金がちょうど 500 円か 500 円より安いことであるから，不等号 $\leqq$ を使います。

---

p.46〜47　**ぴたトレ2**

1 (1)$-6x$　(2)a　(3)$-\dfrac{1}{12}a$　(4)$5x-2$

(5)$-7a+9$　(6)$\dfrac{1}{12}a+1$　(7)$-5a+3$

(8)$-11x+9$　(9)$9a-7$

(1)$3x-9x = (3-9)x = -6x$

(2)$4a+2a-5a = (4+2-5)a = a$

(3)$-\dfrac{1}{2}a+\dfrac{5}{12}a = \left(-\dfrac{1}{2}+\dfrac{5}{12}\right)a$

$= \left(-\dfrac{6}{12}+\dfrac{5}{12}\right)a = -\dfrac{1}{12}a$

(4)$2x-3+3x+1 = 2x+3x-3+1$

$= 5x-2$

(5)$7-4a+2-3a = -4a-3a+7+2$

$= -7a+9$

(6)$\dfrac{1}{3}a+4-\dfrac{1}{4}a-3 = \dfrac{4}{12}a-\dfrac{3}{12}a+4-3$

$= \dfrac{1}{12}a+1$

(7)$(2a-5)+(8-7a) = 2a-5+8-7a$

$= 2a-7a-5+8 = -5a+3$

(8)$-6x-(5x-9) = -6x-5x+9 = -11x+9$

(9)$(3a-8)-(-1-6a) = 3a-8+1+6a$

$= 3a+6a-8+1 = 9a-7$

---

❷ (1)和…$5x+2$，差…$13x-12$

(2)和…8，　　差…$-6a$

2つの式をかっこに入れて，加法の記号＋，減法の記号－で結びます。

(1)$(9x-5)+(-4x+7)=9x-5-4x+7$
$\qquad\qquad\qquad\qquad =5x+2$

$\quad(9x-5)-(-4x+7)=9x-5+4x-7$
$\qquad\qquad\qquad\qquad\quad =13x-12$

(2)$(4-3a)+(3a+4)=4-3a+3a+4$
$\qquad\qquad\qquad\quad =8$

$\quad(4-3a)-(3a+4)=4-3a-3a-4$
$\qquad\qquad\qquad\qquad =-6a$

❸ (1)$-10x$　(2)$-21a$　(3)$27a+3$　(4)$4x-8$

(5)$-4x+10$　(6)$-9x+27$

(1)$2\times(-5x)=2\times(-5)\times x=-10x$

(2)$7a\times(-3)=7\times a\times(-3)$
$\qquad\qquad\quad =7\times(-3)\times a=-21a$

(3)$3(9a+1)=3\times9a+3\times1$
$\qquad\qquad\quad =27a+3$

(4)$\dfrac{2}{3}(6x-12)=\dfrac{2}{3}\times6x-\dfrac{2}{3}\times12$
$\qquad\qquad\qquad =4x-8$

(5)$\dfrac{2x-5}{3}\times(-6)=\dfrac{(2x-5)\times(-6)}{3}$
$\qquad =(2x-5)\times(-2)=-4x+10$

(6)$-18\times\dfrac{x-3}{2}=\dfrac{-18\times(x-3)}{2}$
$\qquad =-9\times(x-3)=-9x+27$

❹ (1)$2x$　(2)$-\dfrac{3}{2}a$　(3)$-20x$　(4)$3x-5$

(5)$-12x+20$　(6)$10a-25$

(1)$8x\div4=8x\times\dfrac{1}{4}=2x$

(2)$9a\div(-6)=9a\times\left(-\dfrac{1}{6}\right)=-\dfrac{3}{2}a$

(3)$35x\div\left(-\dfrac{7}{4}\right)=35x\times\left(-\dfrac{4}{7}\right)=-20x$

(4)$(24x-40)\div8=(24x-40)\times\dfrac{1}{8}$
$\qquad =24x\times\dfrac{1}{8}-40\times\dfrac{1}{8}=3x-5$

(5)$(3x-5)\div\left(-\dfrac{1}{4}\right)=(3x-5)\times(-4)$
$\qquad =3x\times(-4)-5\times(-4)=-12x+20$

(6)$(12a-30)\div\dfrac{6}{5}=(12a-30)\times\dfrac{5}{6}$
$\qquad =12a\times\dfrac{5}{6}-30\times\dfrac{5}{6}=10a-25$

❺ (1)$18a+12$　(2)$-3a+38$　(3)$-4x+3$

(4)$-36y-15$　(5)$8x-21$　(6)$8a-20$

(1)$2(4a-9)+5(2a+6)$
$\quad =8a-18+10a+30$
$\quad =18a+12$

(2)$4(8-3a)+3(2+3a)$
$\quad =32-12a+6+9a$
$\quad =-3a+38$

(3)$8(3x-4)-7(4x-5)$
$\quad =24x-32-28x+35$
$\quad =-4x+3$

(4)$-6(3y-2)-9(2y+3)$
$\quad =-18y+12-18y-27$
$\quad =-36y-15$

(5)$\dfrac{5}{6}(18x-30)-\dfrac{1}{8}(56x-32)$
$\quad =15x-25-7x+4$
$\quad =8x-21$

(6)$3(2a-5)+\dfrac{1}{9}(18a-45)$
$\quad =6a-15+2a-5$
$\quad =8a-20$

❻ $\ell=4a$，$S=a^2$

正方形の周の長さは （1辺）$\times4$

❼ (1)$x=3y-4$　(2)$\dfrac{a+b}{2}\geqq45$

(3)$90=a-8b$　(4)$4a+2b\leqq1000$

(5)$\dfrac{x}{4}+\dfrac{a-x}{5}\leqq3$

(1)y 人に 3 枚ずつ配るのに必要な枚数は $3y$ 枚です。x は $3y$ より 4 小さいです。

(2)（平均）$=\dfrac{（体重の合計）}{（人数）}$

(3)切り取ったテープの長さは
$\quad b\times8=8b$(cm)

(4)代金の合計は　$a\times4+b\times2=4a+2b$(円)
$\quad$1000 円で買うことができたから，代金の合計は 1000 円か，1000 円より安くなります。

(5)時速 4 km で歩いた時間は　$\dfrac{x}{4}$ 時間

$\quad$残りの道のりは　$(a-x)$ km

$\quad$時速 5 km で歩いた時間は　$\dfrac{a-x}{5}$ 時間

- 分配法則を使うときは，途中式を書いて，ていねいに計算するようにすると，符号の変化のミスが防げる。
- 数量の関係を表すときは，まず，等しい数量に目をつける。不等式に表すときは，キーになることばに注意する。「a より大きい，小さい」ときは a をふくまない。「a 以上，以下」のときは a をふくむ。

p.48~49 ぴたトレ**3**

① (1)$-2x^2y$　(2)$\dfrac{x+3}{y}$　(3)$-\dfrac{3a}{b}$

(4)$-x+0.1y$

解き方
(1)数は文字の前，同じ文字の積は指数を使います。
(2)分子のかっこをはずします。
(3)$a \div b \times (-3) = (-3) \times a \div b$
$$= -3a \div b = -\dfrac{3a}{b}$$
(4)x の係数が 1，-1 のときは，それぞれ x，$-x$ と書きます。$1x$，$-1x$ とは書きません。
また，y の係数が 0.1，-0.1 のときはそれぞれ 0.1y，$-0.1y$ と書きます。

② (1)$(1000-4x-3y)$ 円　(2)$(15a+20b)$ m
(3)$(700-70x)$ 円　(4)πr^2 cm^2

解き方
(1)(おつり)=(出した金額)
　　　　－(プリンの代金)－(ジュースの代金)
(2)(道のり)=(速さ)×(時間)
　　分速 a m で歩いた道のりは　$a \times 15 = 15a$(m)
　　分速 b m で歩いた道のりは　$b \times 20 = 20b$(m)
(3)x 割→$\dfrac{x}{10}$　　　$700-700 \times \dfrac{x}{10}$
　　　　　　　　　　　　$=700-70x$(円)
(4)円の面積の公式にあてはめます。
　　$\pi \times r^2 = \pi r^2$(cm^2)

③ (1)-14　(2)28

解き方
(1)$5a+8b = 5 \times a+8 \times b$
$$= 5 \times (-6)+8 \times 2$$
$$= -30+16$$
$$= -14$$
(2)$a^2-2b^2 = (-6)^2-2 \times 2^2$
$$= 36-8$$
$$= 28$$

④ (1)$-a-1$　(2)$2x+5$　(3)$-15a+5$　(4)$6a-4$

解き方
(1)そのままかっこをはずして，式をまとめます。
　　$(4a-3)+(2-5a) = 4a-3+2-5a$
$$= -a-1$$

(2)ひく式のすべての項の符号を変えてかっこをはずします。
　　$(7x-4)-(5x-9) = 7x-4-5x+9$
$$= 2x+5$$
(3)$(12a-4) \div \left(-\dfrac{4}{5}\right) = (12a-4) \times \left(-\dfrac{5}{4}\right)$
$$= 12a \times \left(-\dfrac{5}{4}\right)-4 \times \left(-\dfrac{5}{4}\right)$$
$$= -15a+5$$
(4)$\dfrac{-3a+2}{7} \times (-14) = \dfrac{(-3a+2) \times (-14)}{7}$
$$= (-3a+2) \times (-2)$$
$$= 6a-4$$

⑤ (1)$15a-8$　(2)-3　(3)$x-5$　(4)$\dfrac{-x+13}{15}$

解き方
(1)$2(4a+3)+7(a-2)$
$$= 8a+6+7a-14$$
$$= 15a-8$$
(2)$3(4x+5)-6(2x+3)$
$$= 12x+15-12x-18$$
$$= -3$$
(3)$2(3x-4)-\dfrac{1}{3}(15x-9)$
$$= 6x-8-5x+3$$
$$= x-5$$
(4)$\dfrac{3x-4}{5} - \dfrac{2x-5}{3}$
$$= \dfrac{3(3x-4)-5(2x-5)}{15}$$
$$= \dfrac{9x-12-10x+25}{15}$$
$$= \dfrac{-x+13}{15}$$

⑥ (1)$-4x+7$　(2)$-18x+19$　(3)$13x-7$

解き方
式をかっこに入れて代入します。
(1)$A+2B = (2x-1)+2(-3x+4)$
$$= 2x-1-6x+8$$
$$= -4x+7$$
(2)$-3A+4B = -3(2x-1)+4(-3x+4)$
$$= -6x+3-12x+16$$
$$= -18x+19$$
(3)$2(A-4)-3(B-5)$
$$= 2A-8-3B+15$$
$$= 2(2x-1)-3(-3x+4)+7$$
$$= 4x-2+9x-12+7$$
$$= 13x-7$$

⑦ (1)$\dfrac{2000}{a} = \dfrac{2000}{b}-15$　(2)$1000+5x \geqq y$

(1)(時間)＝$\dfrac{(道のり)}{(速さ)}$

分速 a m でかかる時間は $\dfrac{2000}{a}$ 分

分速 b m でかかる時間は $\dfrac{2000}{b}$ 分

$\dfrac{2000}{a}$ 分の方が $\dfrac{2000}{b}$ 分より 15 分短いです。

(2)5 か月間の貯金額の合計は

$200 \times 5 + x \times 5 = 1000 + 5x$(円)

これが y 円以上ということです。

8 (1)× (2)$\dfrac{5}{4}n$ 個

解き方

(1)7 行目の D 列までに入る記号の数は

$(7-1) \times 5 + 4 = 34$(個)

○，×，×，× を 1 組と考えると，

$34 \div 4 = 8$ あまり 2

7 行目の D 列には，○，×，×，× の 2 番目の
記号が入ります。

(2)(1)のように考えると，n 行目の E 列までに入
る記号の数は，

$(n-1) \times 5 + 5 = 5n - 5 + 5$

$\qquad\qquad = 5n$（n は 4 の倍数）(個)

○ の数は，

$5n \div 4 = \dfrac{5}{4}n$(個)

3章 1次方程式

p.51 ぴたトレ**0**

1 (1)分速 80 m (2)80 km (3)0.2 時間

解き方

(1)速さ＝道のり÷時間 だから，

$400 \div 5 = 80$

(2)1 時間 20 分＝$\dfrac{80}{60}$ 時間 だから，

$60 \times \dfrac{80}{60} = 80$ (km)

(3)1 時間は (60×60) 秒 だから，

秒速 75 m を時速になおすと，

$75 \times 3600 = 270000$(m)，

270000 m ＝ 270 km

です。時間＝道のり÷速さ だから，

$54 \div 270 = 0.2$(時間)

12 分もしくは 720 秒でも正解です。

2 (1)$\dfrac{2}{5}(0.4)$ (2)$\dfrac{8}{5}\left(1\dfrac{3}{5}, 1.6\right)$ (3)$\dfrac{5}{6}$

解き方

$a:b$ の比の値は，$a \div b$ で求められます。

(2)$4 \div 2.5 = 40 \div 25 = \dfrac{40}{25} = \dfrac{8}{5}$

(3)$\dfrac{2}{3} \div \dfrac{4}{5} = \dfrac{2}{3} \times \dfrac{5}{4} = \dfrac{5}{6}$

3 (1)$17:19$ (2)$36:19$

解き方

(2)クラス全体の人数は，$17+19=36$(人)です。

p.52〜53 ぴたトレ**1**

1 (1)2 (2)−1

解き方

(1)左辺の x に −2 から 2 までの整数を代入します。

x	−2	−1	0	1	2
$5x-4$	−14	−9	−4	1	6

x が 2 のとき （左辺）＝（右辺）

(2)

x	−2	−1	0	1	2
$-2x+3$	7	5	3	1	−1
$3x+8$	2	5	8	11	14

x が −1 のとき （左辺）＝（右辺）

2 ⑦，⑨

解き方

それぞれの方程式の x に 3 を代入します。

⑦$x+3=3+3=6$ （左辺）≠（右辺）

⑦$\dfrac{1}{3}x-1=\dfrac{1}{3} \times 3 - 1 = 0$ （左辺）＝（右辺）

⑦$4x-5=4 \times 3 - 5 = 7$ （左辺）≠（右辺）

⑨$2x+7=2 \times 3 + 7 = 13$

$5x-2=5 \times 3 - 2 = 13$ （左辺）＝（右辺）

3 (1)$x=13$　(2)$x=-4$　(3)$x=-9$　(4)$x=-6$

解き方

(1)　$x-7=6$
$x-7+7=6+7$
$x=13$

(2)　$x-5=-9$
$x-5+5=-9+5$
$x=-4$

(3)　$x+4=-5$
$x+4-4=-5-4$
$x=-9$

(4)　$9+x=3$
$9+x-9=3-9$
$x=-6$

4 (1)$x=-14$　(2)$x=-20$　(3)$x=-2$　(4)$x=7$

解き方

(1)　$\dfrac{x}{7}=-2$
$\dfrac{x}{7}\times7=-2\times7$
$x=-14$

(2)　$-\dfrac{x}{2}=10$
$-\dfrac{x}{2}\times(-2)=10\times(-2)$
$x=-20$

(3)　$-8x=16$
$\dfrac{-8x}{-8}=\dfrac{16}{-8}$
$x=-2$

(4)　$-6x=-42$
$\dfrac{-6x}{-6}=\dfrac{-42}{-6}$
$x=7$

5 (1)$x=-14$　(2)$x=18$　(3)$x=-8$　(4)$x=-4$

解き方

(1)　$6+x=-8$
$6+x-6=-8-6$
$x=-14$

(2)　$-\dfrac{x}{3}=-6$
$-\dfrac{x}{3}\times(-3)=-6\times(-3)$
$x=18$

(3)　$7x=-56$
$\dfrac{7x}{7}=\dfrac{-56}{7}$
$x=-8$

(4)　$-\dfrac{3}{2}x=6$
$-\dfrac{3}{2}x\div\left(-\dfrac{3}{2}\right)=6\div\left(-\dfrac{3}{2}\right)$
$x=-4$

p.54〜55 ぴたトレ**1**

1 (1)$x=-7$　(2)$x=2$　(3)$x=3$　(4)$x=-2$
(5)$x=5$　　(6)$x=-6$

解き方

(1)$5+x=-2$
$x=-2-5$
$x=-7$

(2)$x-\dfrac{3}{4}=\dfrac{5}{4}$
$x=\dfrac{5}{4}+\dfrac{3}{4}$
$x=2$

(3)$4x+3=15$
$4x=15-3$
$4x=12$
$x=3$

(4)$6x-5=-17$
$6x=-17+5$
$6x=-12$
$x=-2$

(5)　$5x=3x+10$
$5x-3x=10$
$2x=10$
$x=5$

(6)　$x=-2x-18$
$x+2x=-18$
$3x=-18$
$x=-6$

2 (1)$x=5$　(2)$x=-8$　(3)$x=2$　(4)$x=3$
(5)$x=4$　(6)$x=0$

解き方

2つの項を同時に移項してもかまいません。

(1)　$5x+2=2x+17$
$5x-2x=17-2$
$3x=15$
$x=5$

(2)　$6x-5=7x+3$
$6x-7x=3+5$
$-x=8$
$x=-8$

(3)　$-3x+5=4x-9$
$-3x-4x=-9-5$
$-7x=-14$
$x=2$

(4)　$30-8x=3+x$
$-8x-x=3-30$
$-9x=-27$
$x=3$

(5)　$4-3x=-2x$
$-3x+2x=-4$
$-x=-4$
$x=4$

(6)　$8-12x=-7x+8$
$-12x+7x=8-8$
$-5x=0$
$x=0$

p.56〜57 ぴたトレ**1**

1 (1)$x=5$　(2)$x=2$

解き方

かっこをはずすとき，符号の変化に注意しましょう。

(1)$3(2x-3)=2x+11$
$6x-9=2x+11$
$6x-2x=11+9$
$4x=20$
$x=5$

(2)$7x-2(x+3)=4$
$7x-2x-6=4$
$7x-2x=4+6$
$5x=10$
$x=2$

2 $(1)x=4$　$(2)x=-7$　$(3)x=5$　$(4)x=10$

係数を整数にしてから解きます。

(1) $\qquad 0.7x-1.2=1.6$

両辺に 10 をかけると

$(0.7x-1.2)\times 10=1.6\times 10$

$\qquad 7x-12=16$

$\qquad\qquad 7x=16+12$

$\qquad\qquad 7x=28$

$\qquad\qquad\quad x=4$

(2) $\qquad 0.5x-0.6=1.3x+5$

両辺に 10 をかけると

$(0.5x-0.6)\times 10=(1.3x+5)\times 10$

$\qquad 5x-6=13x+50$

$\qquad 5x-13x=50+6$

$\qquad\quad -8x=56$

$\qquad\qquad x=-7$

(3) $\qquad 3.76x=0.8+3.6x$

両辺に 100 をかけると

$3.76x\times 100=(0.8+3.6x)\times 100$

$\qquad 376x=80+360x$

$\qquad 376x-360x=80$

$\qquad\qquad 16x=80$

$\qquad\qquad\quad x=5$

(4) $\qquad 1.74x-0.4=1.8x-1$

両辺に 100 をかけると

$(1.74x-0.4)\times 100=(1.8x-1)\times 100$

$\qquad 174x-40=180x-100$

$\qquad 174x-180x=-100+40$

$\qquad\qquad -6x=-60$

$\qquad\qquad\quad x=10$

3 $(1)x=-5$　$(2)x=-15$　$(3)x=6$　$(4)x=3$

分母をはらってから解きます。

(1) $\qquad \dfrac{1}{2}x+2=\dfrac{1}{10}x$

両辺に 10 をかけると

$\left(\dfrac{1}{2}x+2\right)\times 10=\dfrac{1}{10}x\times 10$

$\qquad 5x+20=x$

$\qquad\qquad 4x=-20$

$\qquad\qquad\quad x=-5$

(2) $\qquad \dfrac{x}{3}=\dfrac{3}{5}x+4$

両辺に 15 をかけると

$\dfrac{x}{3}\times 15=\left(\dfrac{3}{5}x+4\right)\times 15$

$\qquad 5x=9x+60$

$\qquad -4x=60$

$\qquad\quad x=-15$

(3) $\qquad \dfrac{x-1}{4}=\dfrac{2x+3}{12}$

両辺に 12 をかけると

$\dfrac{x-1}{4}\times 12=\dfrac{2x+3}{12}\times 12$

$\qquad (x-1)\times 3=2x+3$

$\qquad 3x-3=2x+3$

$\qquad\qquad x=6$

(4) $\qquad \dfrac{11}{18}x-1=\dfrac{1}{6}x+\dfrac{1}{3}$

両辺に 18 をかけると

$\left(\dfrac{11}{18}x-1\right)\times 18=\left(\dfrac{1}{6}x+\dfrac{1}{3}\right)\times 18$

$\qquad 11x-18=3x+6$

$\qquad\qquad 8x=24$

$\qquad\qquad\quad x=3$

p.58〜59　**ぴたトレ1**

1 $(1)x=12$　$(2)x=10$　$(3)x=32$　$(4)x=20$

(1) $\quad x:20=3:5$ 　　　(2) $\quad x:35=2:7$

$\qquad \dfrac{x}{20}=\dfrac{3}{5}$ 　　　　　$\qquad \dfrac{x}{35}=\dfrac{2}{7}$

$\dfrac{x}{20}\times 20=\dfrac{3}{5}\times 20$ 　　$\dfrac{x}{35}\times 35=\dfrac{2}{7}\times 35$

$\qquad x=12$ 　　　　　　$\qquad x=10$

(3) $\quad 8:3=x:12$ 　　　(4) $\quad 4:9=x:45$

$\qquad \dfrac{8}{3}=\dfrac{x}{12}$ 　　　　　$\qquad \dfrac{4}{9}=\dfrac{x}{45}$

$\qquad \dfrac{x}{12}=\dfrac{8}{3}$ 　　　　　$\qquad \dfrac{x}{45}=\dfrac{4}{9}$

$\dfrac{x}{12}\times 12=\dfrac{8}{3}\times 12$ 　　$\dfrac{x}{45}\times 45=\dfrac{4}{9}\times 45$

$\qquad x=32$ 　　　　　　$\qquad x=20$

2 $(1)x=12$　$(2)x=15$　$(3)x=21$　$(4)x=40$

$(5)x=2$　$(6)x=6$

$(1)x:16=3:4$ 　　　　$(2)2:5=6:x$

$\quad x\times 4=16\times 3$ 　　　　$\quad 2\times x=5\times 6$

$\qquad 4x=48$ 　　　　　　$\qquad 2x=30$

$\qquad\quad x=12$ 　　　　　　$\qquad\quad x=15$

(3) $12:x=8:14$ 　　　(4)$16:14=x:35$

$\quad 12\times 14=x\times 8$ 　　　$\quad 16\times 35=14\times x$

$\qquad 8x=168$ 　　　　　$\qquad 14x=560$

$\qquad\quad x=21$ 　　　　　　$\qquad\quad x=40$

$(5)14:3x=7:3$ 　　　(6) $4:5=2x:15$

$\quad 14\times 3=3x\times 7$ 　　　$\quad 4\times 15=5\times 2x$

$\qquad 21x=42$ 　　　　　$\qquad 10x=60$

$\qquad\quad x=2$ 　　　　　　$\qquad\quad x=6$

3 $(1)x=7$　$(2)x=14$　$(3)x=9$　$(4)x=1$

$(5)x=5$　$(6)x=2$

解き方

(1) $(x+5):4=3:1$

$(x+5)\times 1=4\times 3$

$x+5=12$

$x=7$

(2) $5:2=25:(x-4)$

$5\times(x-4)=2\times 25$

$5x-20=50$

$5x=70$

$x=14$

(3) $2:(x-2)=8:28$

$2\times 28=(x-2)\times 8$

$8x-16=56$

$8x=72$

$x=9$

(4) $12:9=(x+7):6$

$12\times 6=9\times(x+7)$

$9x+63=72$

$9x=9$

$x=1$

(5) $x:6=(x+10):18$

$x\times 18=6\times(x+10)$

$18x=6x+60$

$12x=60$

$x=5$

(6) $3:x=12:(x+6)$

$3\times(x+6)=x\times 12$

$3x+18=12x$

$-9x=-18$

$x=2$

 ぴたトレ2

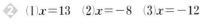

❶ ㋐，㋔

解き方 $x=-4$ を代入したとき成り立つ方程式を選びます。

❷ (1)$x=13$　(2)$x=-8$　(3)$x=-12$

(4)$x=-2$　(5)$x=16$　(6)$x=14$

解き方

(1) $x-8=5$

$x-8+8=5+8$

$x=13$

(2) $x+6=-2$

$x+6-6=-2-6$

$x=-8$

(3) $-\dfrac{1}{3}x=4$

$-\dfrac{1}{3}x\times(-3)=4\times(-3)$

$x=-12$

(4) $-9x=18$

$\dfrac{-9x}{-9}=\dfrac{18}{-9}$

$x=-2$

(5) $\dfrac{3}{4}x=12$

$\dfrac{3}{4}x\div\dfrac{3}{4}=12\div\dfrac{3}{4}$

$x=16$

---

(6) $-70=-5x$

$-5x=-70$

$\dfrac{-5x}{-5}=\dfrac{-70}{-5}$

$x=14$

❸ (1)$a=-5$　(2)$x=7$　(3)$x=-3$　(4)$x=4$

(5)$x=0$　(6)$y=2$

解き方

(1) $6a+7=4a-3$

$6a-4a=-3-7$

$2a=-10$

$a=-5$

(2) $3x+2=-x+30$

$3x+x=30-2$

$4x=28$

$x=7$

(3) $5x-4=8x+5$

$5x-8x=5+4$

$-3x=9$

$x=-3$

(4) $4x-11=13-2x$

$4x+2x=13+11$

$6x=24$

$x=4$

(5) $7x-5=-3x-5$

$7x+3x=-5+5$

$10x=0$

$x=0$

(6) $14-6y=9y-16$

$-6y-9y=-16-14$

$-15y=-30$

$y=2$

❹ (1)$x=4$　(2)$x=-2$　(3)$x=5$　(4)$x=-3$

解き方

(1) $8(x-2)=5x-4$

$8x-16=5x-4$

$3x=12$

$x=4$

(2) $2x-3(3x+4)=2$

$2x-9x-12=2$

$-7x=14$

$x=-2$

(3) $7(x-3)=2(x+2)$

$7x-21=2x+4$

$5x=25$

$x=5$

(4) $5(2x+1)=2(x-5)-9$

$10x+5=2x-10-9$

$8x=-24$

$x=-3$

❺ (1)$a=7$　(2)$x=-5$　(3)$x=12$　(4)$x=4$

解き方 係数を整数にしてから解きます。

(1) $0.9a-2.8=0.5a$

両辺に 10 をかけると

$9a-28=5a$

$4a=28$

$a=7$

(2) $0.3x-4=x-0.5$

両辺に 10 をかけると

$3x-40=10x-5$

$-7x=35$

$x=-5$

(3) $-0.13x+1.2=0.17x-2.4$

両辺に 100 をかけると

$-13x+120=17x-240$

$-30x=-360$

$x=12$

(4)$0.7(0.6x-1)=0.98$

両辺に 100 をかけると

$70(0.6x-1)=98$

$42x-70=98$

$42x=168$

$x=4$

6 (1)$x=-8$　(2)$a=3$　(3)$x=-3$　(4)$x=6$

分母をはらってから解きます。

(1)$\dfrac{7}{8}x=\dfrac{1}{2}x-3$

両辺に 8 をかけると

$7x=4x-24$

$3x=-24$

$x=-8$

(2)$\dfrac{2}{3}a-\dfrac{1}{2}=\dfrac{4}{9}a+\dfrac{1}{6}$

両辺に 18 をかけると

$12a-9=8a+3$

$4a=12$

$a=3$

(3)$\dfrac{8x+3}{6}=\dfrac{3x-5}{4}$

両辺に 12 をかけると

$2(8x+3)=3(3x-5)$

$16x+6=9x-15$

$7x=-21$

$x=-3$

(4)$\dfrac{4x+1}{5}-\dfrac{3x-2}{8}=3$

両辺に 40 をかけると

$8(4x+1)-5(3x-2)=120$

$32x+8-15x+10=120$

$17x=102$

$x=6$

7 $a=-3$

$2x-7=ax+13$ に $x=4$ を代入すると

$8-7=4a+13$

$-4a=12$

$a=-3$

8 (1)$x=12$　(2)$x=16$　(3)$x=14$　(4)$x=4$

(5)$x=9$　(6)$x=8$

$a:b=c:d$ のとき　$ad=bc$

(1)　$9:x=12:16$

$x\times12=9\times16$

$12x=144$

$x=12$

(2)$40:25=x:10$

$25\times x=40\times10$

$25x=400$

$x=16$

(3)$9:(x+10)=3:8$

$(x+10)\times3=9\times8$

$3x+30=72$

$3x=42$

$x=14$

(4)$(4x+5):12=7:4$

$(4x+5)\times4=12\times7$

$16x+20=84$

$16x=64$

$x=4$

(5)$(x+6):2x=5:6$

$(x+6)\times6=2x\times5$

$6x+36=10x$

$-4x=-36$

$x=9$

(6)$7:(5x+2)=4:3x$

$7\times3x=(5x+2)\times4$

$21x=20x+8$

$x=8$

┌ 理解のコツ ─────────────────

・移項したり，係数を整数にして解く方法は，等式の
性質を利用している。等式の性質[1]〜[4]を意識し
ながら解くようにするとよい。

・解が求められたら，もとの方程式に代入して，方程
式が成り立つかどうか確かめるとよい。方程式は検
算が簡単にできる。

p.62〜63　　　　　　　　　ぴたトレ**1**

1 7か月後

x か月後とすると

$5300+200x=2(1950+200x)$

$5300+200x=3900+400x$

$53+2x=39+4x$

これを解くと　$x=7$

7か月後とすると，兄の貯金額は 6700 円，弟の
貯金額は 3350 円となり，問題に適しています。

2 子ども…15 人，いちご…69 個

子どもの人数を x 人とすると

$5x-6=4x+9$

これを解くと　$x=15$

子どもの人数は　15 人

いちごの個数は　$5\times15-6=69$（個）

となり，問題に適しています。

3 ボールペン…90 円

最初に持っていた金額…1000 円

ボールペン 1 本の値段を x 円とすると

$15x-350=11x+10$

これを解くと　$x=90$

持っていた金額は　$15\times90-350=1000$（円）

ボールペンが 1 本 90 円で，最初に持っていた金
額が 1000 円であるとすると，問題に適していま
す。

④ (1)①$15+x$ ②$70(15+x)$ ③$280x$

(2)$70(15+x)=280x$

(3)5分後に家から1400 mの地点で追いつく。

解き方
(1)①弟は兄より15分早く家を出ています。
　②，③(道のり)＝(速さ)×(時間)
(2)2人が進んだ道のりが等しくなったときに追いつきます。
(3)$70(15+x)=280x$
　　　　$15+x=4x$
　　　　$-3x=-15$
　　　　　$x=5$

5分後に追いつくとすると，2人が進んだ道のりは$280×5=1400$(m)で，家と駅との道のりより短いから，問題に適しています。

---

p.64～65　　　　　ぴたトレ2

① 8

解き方
もとの数をxとすると
$4(x+5)=7x-4$
これを解くと　$x=8$
これは問題に適しています。

② 16人

解き方
新しく入った女子をx人とすると
$30:(20+x)=5:6$
　$(20+x)×5=30×6$
これを解くと　$x=16$
16人とすると，$30:(20+16)=5:6$となり，問題に適しています。

③ (1)$n+1$，$n+2$　(2)$7n=3\{(n+1)+(n+2)\}$

(3)9，10，11

解き方
(3)$7n=3\{(n+1)+(n+2)\}$
　　$7n=6n+9$
　　　$n=9$
最小の数が9であるとすると
$7×9=63$
$3×(10+11)=63$
となり，問題に適しています。

④ 鉛筆…9本，ボールペン…4本

解き方
ボールペンをx本買ったとすると
$60(x+5)+90x=900$
これを解くと　$x=4$
鉛筆の本数は　$4+5=9$(本)
鉛筆が9本，ボールペンが4本とすると，代金の合計は900円となり問題に適しています。

---

⑤ 110枚

解き方
班の数をxとすると
$7x+12=8x-2$
これを解くと　$x=14$
ごみ袋の枚数は　$7×14+12=110$(枚)
班の数を14，ごみ袋を110枚とすると問題に適しています。
(別解)ごみ袋をx枚とすると，班の数について
$$\frac{x-12}{7}=\frac{x+2}{8}$$
$8(x-12)=7(x+2)$
これを解くと　$x=110$

⑥ (1)$6x+21=7(x-1)+4$

　(別解)$6x+21=7x-3$

(2)長いす…24脚，生徒…165人

解き方
(1)1脚に7人ずつ座ると，7人座った長いすは$(x-1)$脚となり，4人余ると考えます。
(別解)最後の1脚は4人しか座っていないので，生徒が3人足りない$(7x-3)$と考えます。
(2)$6x+21=7(x-1)+4$
　$6x+21=7x-7+4$
　　　$x=24$
生徒の人数は　$6×24+21=165$(人)
24脚と165人は，問題に適しています。

⑦ 8分後にAさんの家から560 mの地点で出会う。

解き方
出発してからx分後に出会うとすると，2人が進んだ道のりの和が1200 mになるとき出会うから
$70x+80x=1200$
これを解くと　$x=8$
Aさんの家からの道のりは　$70×8=560$(m)
Bさんの家からの道のりは　$80×8=640$(m)
これは，問題に適しています。

⑧ 8か月前

解き方
xか月後に貯金が5倍であるとすると
$4600+200x=5(1800+150x)$
$4600+200x=9000+750x$
　　$-550x=4400$
　　　　$x=-8$
-8か月後は8か月前のことであり，これは問題に適しています。

理解のコツ
・問題文から等しい2つの数量を読みとり，それらを等号でつないで方程式をつくる。
・解く過程も記述する問題では，どの数量をxとするか明記すること。また，解が問題に適することも書いておく。

・解が負の数になる場合は，その意味を問題にてらしてよく考えること。

p.66~67 **ぴたトレ3**

① ⑦，⑤

解き方 それぞれの方程式に $x=-4$ を代入して，
（左辺）＝（右辺）となる式を選びます。

② (1) $x=3$　(2) $x=-4$　(3) $x=-6$　(4) $a=8$

解き方
(1) $4x-9=3$
$\quad\quad 4x=12$
$\quad\quad\ x=3$
(2) $x-12=4x$
$\quad\ -3x=12$
$\quad\quad\ x=-4$
(3) $8x+5=6x-7$
$\quad\quad 2x=-12$
$\quad\quad\ x=-6$
(4) $7a-1=8a-9$
$\quad\quad -a=-8$
$\quad\quad\ a=8$

③ (1) $x=6$　(2) $x=-4$　(3) $x=-3$　(4) $x=4$
$\quad$(5) $x=7$　(6) $x=10$

解き方
(1) $3(2x-9)=2x-3$
$\quad 6x-27=2x-3$
$\quad\quad 4x=24$
$\quad\quad\ x=6$
(2) $3x-2(5x+4)=20$
$\quad 3x-10x-8=20$
$\quad\quad -7x=28$
$\quad\quad\quad\ x=-4$
(3) $0.3x-1.6=1.5x+2$
両辺に 10 をかけると
$\quad 3x-16=15x+20$
$\quad -12x=36$
$\quad\quad\ x=-3$
(4) $0.26x-1.5=0.74-0.3x$
両辺に 100 をかけると
$\quad 26x-150=74-30x$
$\quad\quad 56x=224$
$\quad\quad\ x=4$
(5) $\dfrac{1}{2}x-2=\dfrac{1}{6}x+\dfrac{1}{3}$
両辺に 6 をかけると
$\quad 3x-12=x+2$
$\quad\quad 2x=14$
$\quad\quad\ x=7$

(6) $\dfrac{3x-2}{8}=\dfrac{2x+1}{6}$
両辺に 24 をかけると
$\quad 3(3x-2)=4(2x+1)$
$\quad 9x-6=8x+4$
$\quad\quad\ x=10$

④ (1) $x=25$　(2) $x=15$

解き方
(1) $30:x=12:10$
$\quad x\times12=30\times10$
$\quad\quad 12x=300$
$\quad\quad\ x=25$
(2) $x:10=(x-3):8$
$\quad x\times8=10\times(x-3)$
$\quad\quad 8x=10x-30$
$\quad -2x=-30$
$\quad\quad\ x=15$

⑤ $a=10$

解き方 方程式に $x=2$ を代入すると
$\quad a\times2-2=4\times2+a$
$\quad 2a-2=8+a$
$\quad\quad\ a=10$

⑥ (1) 130 円　(2) 270 円

解き方
(1) ノート1冊の値段を x 円とすると
$\quad 1350-3x=4(500-2x)$
$\quad 1350-3x=2000-8x$
$\quad\quad 5x=650$
$\quad\quad\ x=130$
ノート1冊の値段を 130 円とすると，兄の残金は 960 円，弟の残金は 240 円となり，問題に適しています。
(2) A のケーキ1個の値段を x 円とすると
$\quad 5x+3(x+80)=2400$
$\quad 5x+3x+240=2400$
$\quad\quad 8x=2160$
$\quad\quad\ x=270$
A のケーキ1個の値段を 270 円とすると，B のケーキ1個の値段は 350 円，代金の合計は 2400 円となり，問題に適しています。

⑦ 280 個

解き方 箱の個数を x 個とすると
$20x+40=24(x-1)+16$
$20x+40=24x-24+16$
$\quad -4x=-48$
$\quad\quad\ x=12$
トマトの個数は　$20\times12+40=280$（個）
これは，問題に適しています。

（別解）トマトの個数を x 個とすると
箱の個数について

$$\frac{x-40}{20}=\frac{x-16}{24}+1$$

これを解くと $x=280$

❽ **3分後，家から900mの地点**

解き方

兄は出発してから x 分後に弟に追いつくとすると

$$60(12+x)=300x$$

両辺を60でわると

$$12+x=5x$$
$$-4x=-12$$
$$x=3$$

家からの道のりは $300\times3=900$（m）

3分後に追いつくとすると，家と駅との道のり
より短い900mの地点で追いつくから，問題に
適しています。

❾ **800m**

解き方

普通列車の速さを秒速 x m とすると，貨物列車
の速さは秒速 $(x-8)$ m と表されます。
普通列車は｛（鉄橋の長さ）+200｝m 進むのに50
秒かかるから，鉄橋の長さは $(50x-200)$ m と表
されます。
貨物列車は｛（鉄橋の長さ）+280｝m 進むのに90
秒かかるから，鉄橋の長さは ｛$90(x-8)-280$｝m
と表されます。
鉄橋の長さについて

$$50x-200=90(x-8)-280$$

これを解くと $x=20$

鉄橋の長さは $50\times20-200=800$（m）

普通列車の速さを秒速20mとすると，貨物列車
の速さは秒速12mで，鉄橋の長さ800mは問題
に適しています。

（別解）鉄橋の長さを x m とすると，普通列車の
速さは秒速 $\dfrac{x+200}{50}$ m，貨物列車の速さは秒速

$\dfrac{x+280}{90}$ m と表されます。

列車の速さについて

$$\frac{x+200}{50}-\frac{x+280}{90}=8$$

これを解くと $x=800$

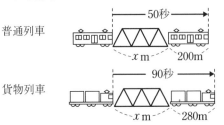

普通列車

貨物列車

4章　比例と反比例

p.69

ぴたトレ0

❶ (1) $y=1000-x$

　(2) $y=90x$，○

　(3) $y=\dfrac{100}{x}$，△

解き方

式は上の表し方以外でも，意味があっていれば
正解です。

(2) x の値が2倍，3倍，…になると，y の値も2倍，
　　3倍，…になります。

(3) x の値が2倍，3倍，…になると，y の値は $\dfrac{1}{2}$，
　　$\dfrac{1}{3}$，…になります。

❷

x (cm)	1	2	3	4	5	6	7
y (cm²)	3	6	9	12	15	18	21

解き方

表から きまった数 を求めます。

$y=$ きまった数 $\times x$ だから，

$12\div4=3$ で，きまった数 は3になります。

❸

x (cm)	1	2	3	4	5	6
y (cm)	48	24	16	12	9.6	8

解き方

表から きまった数 を求めます。

$y=$ きまった数 $\div x$ だから，

$3\times16=48$ で，きまった数 は48になります。

p.70〜71

ぴたトレ1

▮ (1)

x(分)	0	1	2	3	4	5
y(cm)	0	2	4	6	8	10

(2) **いえる**

解き方

(1) 1分間に深さ2cmの割合で水が入っています。

(2) x の値が1つに決まると，それに対応して y
　　の値がただ1つに決まるので，y は x の関数
　　であるといえます。

▮ (1) $x>-3$

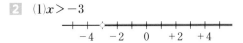

(2) $x\leqq2$

(3) $-4\leqq x\leqq0$

(4) $-1<x<5$

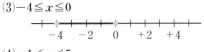

解き方 x の変域について，x がその数をふくまないときの不等号は $>$，$<$ を使います。

x がその数をふくむときの不等号は $\geqq$，$\leqq$ を使います。

また，数値線上に表すときは，その数をふくまないときは○で，ふくむときは●で表します。

(1)x は -3 をふくみません。

(2)x は 2 をふくみます。

(3)x は -4 と 0 をふくみます。

(4)x は -1 と 5 をふくみません。

3 (1)$y=70x$ と表されるから，y は x に比例する。

(2)70　(3)$0 \leqq x \leqq 50$

解き方 (1)(道のり)＝(速さ)×(時間) より

　　$y=70x$ と表されます。

(2)比例の式 $y=ax$ の a を比例定数といいます。

(3)家から A 町まで歩くのにかかる時間は

　　$3500 \div 70 = 50$(分)

　　よって，$0 \leqq x \leqq 50$ と表されます。

---

p.72~73　　　　　　　　**ぴたトレ1**

1 (1)$y=-4x$　(2)$y=24$　(3)$x=-5$

解き方 y が x に比例するときの式は　$y=ax$

これに x，y の値を代入して，比例定数 a の値を求めます。

(1)$-16=a \times 4$ より　$a=-4$

　　よって　$y=-4x$

(2)$y=-4x$ に $x=-6$ を代入すると

　　$y=(-4) \times (-6)=24$

(3)$y=-4x$ に $y=20$ を代入すると

　　$20=-4x$ より　$x=-5$

2 P $(5,\ 3)$　Q $(0,\ 1)$　R $(-2,\ 4)$

S $(-4,\ -3)$　T $(3,\ -6)$　U $(4,\ 0)$

解き方 x 座標が a，y 座標が b の点の座標を $(a,\ b)$ と表します。

点 P　x 座標が 5，　　y 座標が 3　→ $(5,\ 3)$

点 Q　x 座標が 0，　　y 座標が 1　→ $(0,\ 1)$

　　　　（y 軸上の点の x 座標は 0 です）

点 R　x 座標が -2，y 座標が 4　→ $(-2,\ 4)$

点 S　x 座標が -4，y 座標が -3 → $(-4,\ -3)$

点 T　x 座標が 3，　　y 座標が -6 → $(3,\ -6)$

点 U　x 座標が 4，　　y 座標が 0　→ $(4,\ 0)$

　　　　（x 軸上の点の y 座標は 0 です）

3

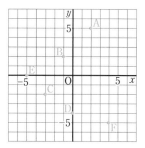

解き方 点 A $(a,\ b)$ の表し方

x 軸の a のめもりの線と y 軸の b のめもりの線の交わる点が A です。

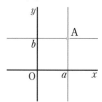

点 D　x 座標が 0 であるから，y 軸上の点です。

点 E　y 座標が 0 であるから，x 軸上の点です。

---

p.74~75　　　　　　　　**ぴたトレ1**

1 (1)① -3　② 6

(2)

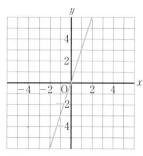

2

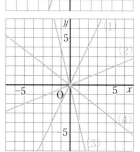

解き方 原点と，グラフが通る点のうち x 座標，y 座標がともに整数であるような点を 1 つ見つけ，その 2 点を通る直線をひきます。

(1)$x=1$ のとき $y=2$

　　原点 $(0,\ 0)$ と点 $(1,\ 2)$ を通る直線をひきます。

(2)$x=5$ のとき $y=2$

　　原点 $(0,\ 0)$ と点 $(5,\ 2)$ を通る直線をひきます。

(3)$x=1$ のとき $y=-4$

原点 $(0,\ 0)$ と点 $(1,\ -4)$ を通る直線をひきます。

(4)$x=4$ のとき $y=-3$

原点 $(0,\ 0)$ と点 $(4,\ -3)$ を通る直線をひきます。

3 (1)$y=\dfrac{5}{3}x$　(2)$y=\dfrac{1}{2}x$　(3)$y=-\dfrac{1}{4}x$

(4)$y=-x$

解き方
比例のグラフから式を求めるときは，グラフ上の点で x 座標，y 座標がともに整数である点を見つけ，その座標を $y=ax$ に代入して a の値を求めます。

(1)点 $(3,\ 5)$ を通っているから，$y=ax$ に
　　$x=3$，$y=5$ を代入すると
　　　$5=a\times3$ より　$a=\dfrac{5}{3}$　　よって　$y=\dfrac{5}{3}x$

(2)点 $(2,\ 1)$ を通っているから，$y=ax$ に
　　$x=2$，$y=1$ を代入すると
　　　$1=a\times2$ より　$a=\dfrac{1}{2}$
　　よって　$y=\dfrac{1}{2}x$

(3)点 $(4,\ -1)$ を通っているから，$y=ax$ に
　　$x=4$，$y=-1$ を代入すると
　　　$-1=a\times4$ より　$a=-\dfrac{1}{4}$
　　よって　$y=-\dfrac{1}{4}x$

(4)点 $(3,\ -3)$ を通っているから，$y=ax$ に
　　$x=3$，$y=-3$ を代入すると
　　　$-3=a\times3$ より　$a=-1$
　　よって　$y=-x$

---

p.76～77　　　　ぴたトレ2

1 (1)いえる　(2)いえない　(3)いえない

解き方
(1)時間が1つに決まると，道のりもただ1つに決まります。

(2)一定額で送ることのできる小包の重さには幅があるから，決まった送料で送ることのできる重さは1つに決まりません。

(3)例えば，約数が2個の自然数は2，3，5，……とたくさんあり，1つに決まりません。

2 ①，比例定数 7

④，比例定数 $\dfrac{1}{4}$

⑤，比例定数 3

解き方
式を $y=\sim$ の形に変形したときに
$y=ax$ の形になるものを選びます。

②$y=-2x+1$　　　　③$y=\dfrac{4}{x}$

④$y=\dfrac{1}{4}x$　　　　⑤$y=3x$

3 (1)

x	0	2	4	6	8	10	12	14
y	0	400	800	1200	1600	2000	2400	2800

(2)$y=200x$ と表されるから，y は x に比例する

(3)200　(4)$0\leqq x\leqq25$　(5)$x=19$

解き方
(1)，(2)(道のり)＝(速さ)×(時間) より
　　$y=200x$ と表されます。

(3)この場合の比例定数は分速を表しています。

(4)5 km 進むのに $5\times1000\div200=25$(分)かかります。

(5)$y=200x$ に $y=3800$ を代入すると
　　$3800=200x$ より　$x=19$

4 (1)$y=-6$　(2)$y=15$　(3)$x=-10$

解き方
(1)$y=2x$ と表されます。
　これに $x=-3$ を代入すると
　　$y=2\times(-3)$
　　　$=-6$

(2)$y=ax$ に $x=3$，$y=-9$ を代入すると
　　$-9=a\times3$ より　$a=-3$
　　$y=-3x$ に $x=-5$ を代入すると
　　$y=(-3)\times(-5)$
　　　$=15$

(3)$y=ax$ を変形すると　$\dfrac{y}{x}=a$

　$\dfrac{y}{x}$ は比例定数 a に等しい値であるから

　$y=\dfrac{3}{5}x$ と表されます。

　これに $y=-6$ を代入すると

　$-6=\dfrac{3}{5}x$ より　$x=-10$

5
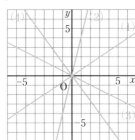

---

(1)点 (3, 2), (6, 4) などを通ります。
(2)点 (1, 4), (−1, −4) などを通ります。
(3)点 (2, −1), (4, −2) などを通ります。
(4)点 (3, −4), (−3, 4) などを通ります。

⑥ (1)① $y = \dfrac{1}{2}x$　② $y = -\dfrac{3}{4}x$

(2)① $\dfrac{1}{2}$ ずつ増加する。

　② $\dfrac{3}{4}$ ずつ減少する。

(3)① $y = 4$　② $y = -6$

(1)①点 (2, 1) を通っているから
　$y = ax$ に $x = 2$, $y = 1$ を代入すると
　$1 = a \times 2$ より　$a = \dfrac{1}{2}$

　よって　$y = \dfrac{1}{2}x$

②点 (4, −3) を通っているから
　$-3 = a \times 4$ より　$a = -\dfrac{3}{4}$

　よって　$y = -\dfrac{3}{4}x$

(2)比例 $y = ax$ において, x の値が 1 ずつ増加すると, y の値は a ずつ増加します。
②$-\dfrac{3}{4}$ ずつ増加する $\longrightarrow$ $\dfrac{3}{4}$ ずつ減少する

(3)① $y = \dfrac{1}{2} \times 8 = 4$

　② $y = -\dfrac{3}{4} \times 8 = -6$

理解のコツ

・比例の性質, 式, 比例定数の求め方などの基本は, ノートにまとめておくとよい。
・グラフの問題では, グラフが通る点のうち, x 座標, y 座標がともに整数となる点に着目する。
・増加や減少の問題は, 表やグラフとあわせて考えるとわかりやすい。

p.78〜79　　　　　**ぴたトレ1**

1 (1) $y = \dfrac{60}{x}$ と表されるから, y は x に反比例する。

　比例定数は 60

(2) $y = \dfrac{40}{x}$ と表されるから, y は x に反比例する。

　比例定数は 40

(3) $y = \dfrac{9}{x}$ と表されるから, y は x に反比例する。

　比例定数は 9

$y = \dfrac{a}{x}$ の形に表されるとき, y は x に反比例します。

(1)(1つあたりの量)=(全体の量)÷(等分した数)
(2)(平行四辺形の面積)=(底辺)×(高さ) より
　(高さ)=(面積)÷(底辺)
(3)(時間)=(容積)÷(1分間あたりの水の量)

2 (1)

x	⋯	−6	−4	−2	0	2	4	6	⋯
y	⋯	−4	−6	−12	×	12	6	4	⋯

(2)$\dfrac{1}{2}$ 倍, $\dfrac{1}{3}$ 倍, ……になる。

(1)$x = -6$ のとき　$y = \dfrac{24}{-6} = -4$

　$x = -4$ のとき　$y = \dfrac{24}{-4} = -6$

　$x = -2$ のとき　$y = \dfrac{24}{-2} = -12$

　$x = 2$ のとき　　$y = \dfrac{24}{2} = 12$

　$x = 4$ のとき　　$y = \dfrac{24}{4} = 6$

　$x = 6$ のとき　　$y = \dfrac{24}{6} = 4$

分数の分母は 0 にならないから, $x = 0$ に対応する y の値は考えません。

(2)反比例は, x の値が n 倍になると y の値は $\dfrac{1}{n}$ 倍になる関係です。

3 (1) $y = -\dfrac{18}{x}$　(2) $y = 3$

y が x に反比例するときの式は　$y = \dfrac{a}{x}$
これに x, y の値を代入して比例定数 a の値を求めます。
または, $xy = a$ を用いて比例定数を求めてもかまいません。

(1)$y = \dfrac{a}{x}$ に $x = 2$, $y = -9$ を代入すると

　$-9 = \dfrac{a}{2}$ より　$a = -18$

　よって　$y = -\dfrac{18}{x}$

(2)$y = -\dfrac{18}{x}$ に $x = -6$ を代入すると

　$y = -\dfrac{18}{-6} = 3$

ぴたトレ**1**

1

x	-8	-5	-4	-2	0	2	4	5	8
y	2	3.2	4	8	$×$	-8	-4	-3.2	-2

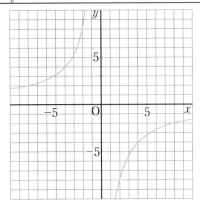

解き方 表をもとに点をかき入れ，それらの点をなめらかな曲線で結びます。反比例のグラフは，原点を中心とした点対称な形になります。グラフは x 軸，y 軸に近づいていくが，決して交わらないことに注意します。

2 ①$y = \dfrac{20}{x}$

②$y = -\dfrac{2}{x}$

③$y = -\dfrac{12}{x}$

解き方 グラフ上の点で，x 座標，y 座標がともに整数である点を見つけ，その座標を $y = \dfrac{a}{x}$ に代入して a の値を求めます。

①点 $(4,\ 5)$ を通っているから，$y = \dfrac{a}{x}$ に

$x = 4$，$y = 5$ を代入すると

$5 = \dfrac{a}{4}$ より $a = 20$

よって $y = \dfrac{20}{x}$

②点 $(-1,\ 2)$ を通っているから

$2 = \dfrac{a}{-1}$ より $a = -2$

よって $y = -\dfrac{2}{x}$

③点 $(-3,\ 4)$ を通っているから

$4 = \dfrac{a}{-3}$ より $a = -12$

よって $y = -\dfrac{12}{x}$

3 (1)減少 (2)増加 (3)0，x

解き方 (1)，(2)簡単なグラフをかいて確認します。

(3)$y = \dfrac{a}{x}$ のグラフは，x の絶対値を大きくしていくと，y の値は 0 に近づいていくが，0 になることはないから，x 軸と交わりません。

ぴたトレ**1**

1 1500 個

解き方 重さ x kg のクリップの個数を y 個とします。y は x に比例するから，$y = ax$ と表します。50 g 分のクリップの個数は 75 個なので，$x = 0.05$，$y = 75$ を代入します。

$75 = a × 0.05$

$a = 1500$

したがって，$y = 1500x$

$x = 1$ を代入すると

$y = 1500 × 1$

$= 1500$

よって 1500 個

2 6 分 40 秒

解き方 食品が温まるまでの時間は，電子レンジの出力(W)に反比例すると考えます。

電子レンジの出力(W)が n 倍になると，食品が温まるまでの時間は $\dfrac{1}{n}$ 倍になります。

よって，出力が $\dfrac{600}{1000} = \dfrac{3}{5}$（倍）になると，時間は $\dfrac{5}{3}$ 倍になるから

$(60 × 4) × \dfrac{5}{3} = 400$（秒）より

6 分 40 秒

3 (1) 4 分後

(2) 240 m

(3) 4 分

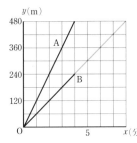

(4) A さん…分速 120 m，B さん…分速 60 m

(5) 3 分後

解き方

(1)Aさんを表すグラフ上でy座標が480の点のx座標を読みとります。

(2)Aさんが公園に着いたのは4分後です。
このときBさんは学校から240mの地点にいます。
$480-240=240$
よって　240m

(3)グラフから，Bさんが公園に着くのは8分後です。
$8-4=4$(分)

(4)Aさんは4分で480m進むから
$480÷4=120$
よってAさんの歩く速さは　分速120m
Bさんは8分で480m進むから
$480÷8=60$
よってBさんの歩く速さは　分速60m

(5)y軸の1めもりは60mを表しています。2つのグラフの開きが180m（3めもり）になるのは，グラフから3分後とわかります。
（計算で求める方法）
x分後に180m離れるとすると
$120x-60x=180$
$60x=180$
$x=3$
よって　3分後

---

p.84〜85　　　ぴたトレ2

❶ ㋑, ㋓

解き方

yをxの式で表してみます。

yがxに反比例するとき，$y=\dfrac{a}{x}$の形で表されます。

㋐　$y=240-x$　　比例も反比例もしません。

㋑　$y=\dfrac{30}{x}$　　yはxに反比例します。

㋒　$y=10-x$　　比例も反比例もしません。

㋓　$y=\dfrac{24}{x}$　　yはxに反比例します。

❷ ㋑, 比例定数 -5
　㋓, 比例定数 8

解き方

$y=\sim$の形に変形してみます。
㋐$y=x-6$
㋑$y=-\dfrac{5}{x}$
㋒$y=2x$
㋓$y=-2x+4$

---

❸

(1)

x	1	2	3	4	6	9	12	18	36
y	36	18	12	9	6	4	3	2	1

(2)$y=\dfrac{36}{x}$と表されるから，yはxに反比例します。

(3)36

解き方

(1)(時間)$=\dfrac{(道のり)}{(速さ)}$を使ってyの値を求めます。
$x=1$のとき　$y=36÷1=36$
$x=2$のとき　$y=36÷2=18$
　　……

(2)$y=\dfrac{a}{x}$の形に表されることを示します。

(3)$y=\dfrac{a}{x}$のaを比例定数といいます。

❹ (1)$y=\dfrac{140}{x}$

(2)$\dfrac{1}{4}$倍になる。

解き方

(1)(時間)$=$(容積)$÷$(1分間に入れる水の量)
この水そうの容積は
$4×35=140$(L)

(2)yがxに反比例するとき，xの値がn倍になるとyの値は$\dfrac{1}{n}$倍になります。
よって，xの値が4倍になると，yの値は$\dfrac{1}{4}$倍になります。

❺ (1)$y=-\dfrac{36}{x}$

(2)$y=4$

解き方

(1)$y=\dfrac{a}{x}$に$x=2$，$y=-18$を代入すると
$-18=\dfrac{a}{2}$　より
$a=-36$
よって　$y=-\dfrac{36}{x}$
比例定数$a=xy$を使って
$a=2×(-18)=-36$
と求めてもかまいません。

(2)$y=-\dfrac{36}{x}$に$x=-9$を代入すると
$y=-\dfrac{36}{-9}$
$=4$

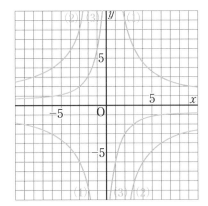

⑥

解き方　x 座標，y 座標がともに整数である点をできるだけたくさんとり，それらをなめらかな曲線で結びます。

(1)点 $(2, 9)$，$(3, 6)$，$(6, 3)$，$(9, 2)$ を通ります。もう1つの曲線は，原点を中心とする点対称な形になることを利用してかきます。

(2)点 $(3, -8)$，$(4, -6)$，$(6, -4)$，$(8, -3)$ を通ります。

(3)点 $(1, -6)$，$(2, -3)$，$(3, -2)$，$(6, -1)$ を通ります。

⑦ $(1)y = -\dfrac{8}{x}$　$(2)y = \dfrac{6}{x}$

解き方　(1)点 $(-4, 2)$ を通るから

$y = \dfrac{a}{x}$ に $x = -4$，$y = 2$ を代入すると

$2 = \dfrac{a}{-4}$ より　$a = -8$

よって　$y = -\dfrac{8}{x}$

(2)点 $(2, 3)$ を通るから

$y = \dfrac{a}{x}$ に $x = 2$，$y = 3$ を代入すると

$3 = \dfrac{a}{2}$ より　$a = 6$

よって　$y = \dfrac{6}{x}$

⑧ (1)200 枚　(2)18 枚

解き方　(1)(比例の式を使って解く)コイン x 枚の重さを y g とすると，$y = 5x$ と表されます。

$1000 = 5x$ を解くと　$x = 200$

(別解)コインの重さは枚数に比例することを使って解きます。

重さが $\dfrac{1000}{200} = 5$(倍)になるのは，枚数も 5 倍のときと考えて

$40 \times 5 = 200$(枚)

(2)列の数は，1列にはるカードの枚数に反比例することを使って解きます。

列の数が $\dfrac{10}{15} = \dfrac{2}{3}$(倍)になると，1列にはるカードの枚数は $\dfrac{3}{2}$ 倍になると考えて

$12 \times \dfrac{3}{2} = 18$(枚)

(反比例の式を使って解く)1列にはるカードの枚数を x 枚，列の数を y とすると

$y = \dfrac{180}{x}$ と表されます。

$10 = \dfrac{180}{x}$ を解くと　$x = 18$

理解のコツ

・反比例の性質，式，比例定数の求め方などの基本は，ノートにまとめておく。比例と混同しないように注意しよう。

・反比例のグラフは，原点を対称の中心として点対称になることを利用して考えるとよい。グラフをかくときは，できるだけ多くの点をとってなめらかな曲線になるようにする。

・反比例は，x の値が n 倍になると y の値は $\dfrac{1}{n}$ 倍になる。この性質を使って問題を考えることもできる。

p.86〜87　　　　　　　　　　ぴたトレ3

❶ $(1)y = 16x$，比例する

$(2)y = \dfrac{30}{x}$，反比例する

解き方　(1)(重さ)=(1 m の重さ)×(長さ)

式が $y = ax$ の形で表されるから，y は x に比例します。

(2)(三角形の面積)$= \dfrac{1}{2} \times$(底辺)×(高さ) より

$15 = \dfrac{xy}{2}$

$xy = 30$

$y = \dfrac{30}{x}$

式が $y = \dfrac{a}{x}$ の形で表されるから，y は x に反比例します。

❷ $(1)y = -7x$　$(2)y = -\dfrac{40}{x}$

解き方　(1)$y = ax$ に $x = 2$，$y = -14$ を代入すると

$-14 = a \times 2$ より　$a = -7$

よって　$y = -7x$

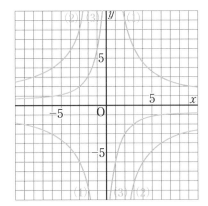

(2)$y = \dfrac{a}{x}$ に $x = -5$, $y = 8$ を代入すると

$8 = \dfrac{a}{-5}$ より　$a = -40$

よって　$y = -\dfrac{40}{x}$

❸ (1)**6 cm^2**

(2)**10 cm^2**

解き方
それぞれの点を座標平面上にとると，下の図のようになります。

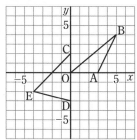

(1)OA の長さを底辺，点 B の y 座標を高さとする三角形と考えて

$\dfrac{1}{2} \times 3 \times 4 = 6$

よって　6 cm^2

(2)CD の長さを底辺，点 E の x 座標の絶対値を高さとする三角形と考えて

$\dfrac{1}{2} \times \{2 - (-3)\} \times 4 = 10$

よって　10 cm^2

❹

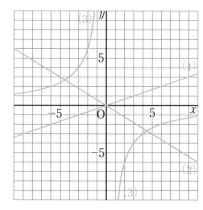

解き方
(1)比例のグラフで点 $(3,\ 1)$, $(6,\ 2)$ を通ります。

(2)比例のグラフで点 $(5,\ -3)$, $(-5,\ 3)$ を通ります。

(3)反比例のグラフで点 $(2,\ -6)$, $(3,\ -4)$, $(4,\ -3)$, $(6,\ -2)$ を通ります。

❺ (1)**$y = 2x$**

(2)**$y = -\dfrac{6}{x}$**

解き方
(1)比例のグラフで点 $(1,\ 2)$ を通るから $y = ax$ に $x = 1$, $y = 2$ を代入すると
$2 = a \times 1$ より　$a = 2$
よって　$y = 2x$

(2)反比例のグラフで点 $(6,\ -1)$ を通るから
$y = \dfrac{a}{x}$ に $x = 6$, $y = -1$ を代入すると

$-1 = \dfrac{a}{6}$ より　$a = -6$

よって　$y = -\dfrac{6}{x}$

❻ (1)**$y = 3x$**　(2)**$0 \leqq x \leqq 10$**　(3)**$0 \leqq y \leqq 30$**

(4)**$x = 7$**

解き方
(1)$y = \dfrac{1}{2} \times x \times 6$　　$y = 3x$

(2)点 P は辺 BC 上の点であるから，もっとも長いとき　$BP = BC = 10 \text{ cm}$

(3)$BP = 0$ のとき　$y = 3 \times 0 = 0$
$BP = 10$ のとき　$y = 3 \times 10 = 30$

(4)$y = 3x$ に $y = 21$ を代入すると
$21 = 3x$　　$x = 7$

❼ (1)**4**　(2)**$a = -\dfrac{2}{3}$**　(3)**$(6,\ -4)$**

解き方
(1)点 A は反比例 $y = -\dfrac{24}{x}$ のグラフ上の点であるから，$y = -\dfrac{24}{x}$ に $x = -6$ を代入すると

$y = -\dfrac{24}{-6} = 4$

(2)比例 $y = ax$ のグラフは点 A $(-6,\ 4)$ を通るから，
$y = ax$ に $x = -6$, $y = 4$ を代入すると
$4 = a \times (-6)$ より　$a = -\dfrac{2}{3}$

よって　$y = -\dfrac{2}{3}x$

(3)点 B は点 A と原点について点対称な位置にあります。点 A の x 座標と y 座標の符号がそれぞれ反対になるから，B $(6,\ -4)$

5章　平面図形

ぴたトレ0

❶ (1)

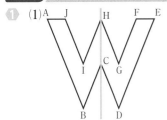

(2)垂直に交わる。　(3)3 cm

解き方 線対称な図形は，対称の軸を折り目にして折ると，ぴったりと重なります。対応する2点を結ぶと対称の軸と垂直に交わり，軸からその2点までの長さは等しくなります。
(3)点Hは，対称の軸上にあるので，
AH＝EHです。

❷ (1)下の図の点O　(2)点H　(3)下の図の点Q

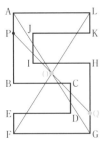

解き方 (1)例えば，点Aと点G，点Fと点Lを直線で結び，それらの線の交わった点が対称の中心Oです。
(3)点Pと点Oを結ぶ直線をのばし，辺GHと交わる点がQとなります。

ぴたトレ1

❶

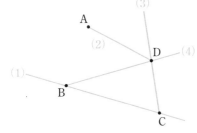

解き方 (1)2点B，Cを通るまっすぐな線をひきます。線は点B，Cをこえること。
(2)2点A，Dを両端とする線をひきます。
(3)点Cを端としてDをこえる線をひきます。
(4)点Bを端としてDをこえる線をひきます。

❷ (1)5 cm　(2)4 cm　(3)

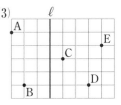

解き方 (1)線分BDの長さが求める距離にあたります。
(2)点Eから直線ℓにひいた垂線とℓとの交点をFとすると，線分EFの長さが求める距離にあたります。
(3)直線ℓの左右に1本ずつかけます。

❸ ∠ABC＝∠ACB（∠CBA＝∠BCA）

解き方 ∠B＝∠Cと表しても正解です。

❹ (1)AB⊥BC，BC⊥CD，CD⊥DA，DA⊥AB
(2)AB∥DC，AD∥BC
(3)9 cm　(4)4 cm

解き方 (1)長方形のとなり合う辺は垂直に交わっています。
(2)長方形の向かい合う辺は平行です。
(3)線分BCの長さが求める距離にあたります。
(4)線分AB，または線分DCの長さが求める距離にあたります。

ぴたトレ1

❶

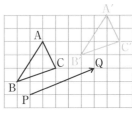

解き方 平行移動させるときは，移動する向きと長さを示します。平行移動する前の△ABCと移動した後の△A′B′C′の向きは同じでAA′＝BB′＝CC′＝PQ，AA′∥BB′∥CC′∥PQとなります。

❷

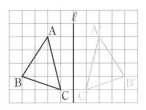

解き方 対称移動させるときは，対称の軸を示します。AA′，BB′，CC′は，対称の軸(直線ℓ)によって垂直に2等分されます。△ABCを直線ℓを軸にして対称移動させた△A′B′C′は，△ABCと直線ℓを対称の軸とした線対称な形になります。

3 (1)**イ**

(2)**ア, イ**

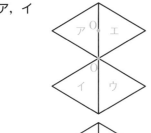

(3)

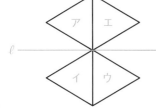

解き方
(1)平行移動では，図形の向きは変わりません。
　　アと向きが同じ図形は**イ**です。
(2)点対称移動は，180°の回転移動です。
　　エを**ア**に移すとき，**エ**と**ア**の共通な辺のまん
　　中の点が回転の中心になります。
　　エを**イ**に移すとき，**エ**と**イ**の共通な頂点が回
　　転の中心になります。
(3)**イ**と**ア**の対応する2点を結ぶ線分を，垂直に
　　2等分する直線が対称の軸です。

p.94～95　　　　　　　ぴたトレ**2**

① (1)線分　(2)⊥　(3)平行，∥　(4)平行移動
(5)対称移動，対称の軸

解き方
数学用語の意味や記号の使い方をしっかり理解
しておきましょう。

② (1)線分BC　（線分CB）　(2)半直線BA
(3)半直線BC

解き方
線分や直線を表すときは2つの文字の並べ方は
逆でもかまいませんが，半直線を表すときは，
端のある方の文字を前に書きます。

③ (1)∠XOQ，∠QOP，∠POY，∠XOP，
　　　∠QOY，∠XOY

(2)300°

解き方
(2)∠XOQ＋∠QOP＋∠POY＝90°
　　∠XOP＝∠XOQ＋∠QOP なので
　　∠XOP＝60°
　　∠QOY＝∠QOP＋∠POY なので
　　∠QOY＝60°
　　∠XOP＋∠QOY＝60°＋60°＝120°
　　∠XOY＝90°
　　よって　90°＋120°＋90°＝300°

④ 5 cm

解き方
問題文の条件にしたがって点をとると，次の図
のようになります。
3＋1＋1＝5(cm)

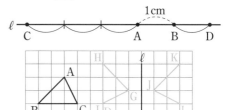

⑤

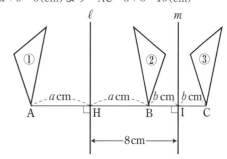

解き方
それぞれの移動の性質を考えて対応する頂点を
決め，三角形をかきます。

⑥ (1)⑥　(2)⑤　(3)⑧

解き方
(1)平行移動では，図形の向きが変わりません。
　　点AとO，BとD，HとFがそれぞれ対応し
　　ます。
(2)点対称移動です。点AとE，BとF，HとD
　　がそれぞれ対応します。
(3)点AとG，BとF，HとHがそれぞれ対応し
　　ます。

⑦ 直線ℓに垂直な方向に 16 cm の長さだけ平行
移動させる。

解き方
三角形①と③は向きが同じであるから，平行移
動で重ねることができると予想されます。
対称移動では，対応する点を結ぶ線分は，対称
の軸によって垂直に2等分されるから，三角形
①を直線ℓ（または m）に垂直な方向に，下の図
のACの長さだけ平行移動させたと考えられます。
下の図において，AH＝BH＝a cm，
BI＝CI＝b cm とすると
AC＝a＋a＋b＋b＝$(a+b)$＋$(a+b)$
$a+b＝8$(cm) より　AC＝8＋8＝16(cm)

・新しい数学用語は，それを表す図形と定義をいっしょに覚えるようにする。
・移動の問題では，移動前と移動後の図形の向きに注目するとよい。

p.96~97　　　ぴたトレ**1**

1 (1)(例)

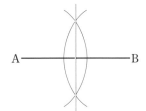

(2)(例)

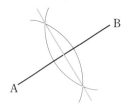

解き方　垂直二等分線の作図
①点 A を中心とする適当な半径の円をかきます。
②点 B を中心として，①と同じ半径の円をかきます。
③①と②でかいた 2 つの円の交点を通る直線をひきます。
作図に使った線は，消さないで残しておきましょう。

2 (1)(例)

(2)(例)

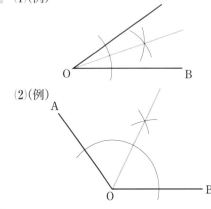

解き方　角の二等分線の作図
①点 O を中心とする適当な半径の円をかきます。
②①の円と半直線 OA，OB との交点をそれぞれ中心として，同じ半径の円をかきます。
③②でかいた 2 つの円の交点と頂点 O を通る半直線をひきます。

p.98~99　　　ぴたトレ**1**

1 (1)(例)

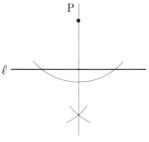

(2)(例)

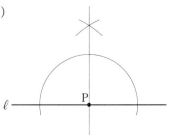

解き方　(1)直線上にない点を通る垂線の作図
①点 P を中心とする適当な半径の円をかきます。
（直線 ℓ と異なる 2 点で交わるようにします。）
②①の円と直線 ℓ との 2 つの交点をそれぞれ中心として，同じ半径の円をかきます。
③②でかいた 2 つの円の交点と点 P を通る直線をひきます。
(2)点 P が直線 ℓ 上にある場合も，(1)と同じようにして垂線を作図することができます。

2 (例)

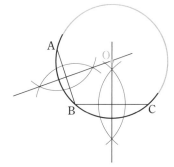

解き方　適当な 2 つの弦 AB，BC をひき，それらの垂直二等分線の交点を O とします。O を中心として OA を半径とする円をかきます。
円の弦の垂直二等分線が円の中心を通ることを利用した作図の問題です。
弦 AB の垂直二等分線 ℓ 上の点を P とすると
PA＝PB
弦 BC の垂直二等分線 m 上の点を Q とすると
QB＝QC

円の中心を O とすると，OA＝OB＝OC であるから，点 P と Q が一致する点が O です。
すなわち，ℓ と m の交点が O となります。

3 （例）

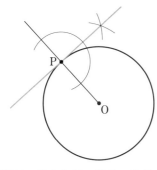

解き方 円の接線は，接点を通る半径に垂直であることを利用します。
半直線 OP をひき，点 P を通る OP に垂直な直線を作図します。

p.100〜101　　　　　　　　　ぴたトレ**2**

1 （例）

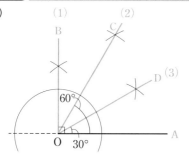

解き方 (1)線分 AO を延長し，点 O における AO の垂線を作図し，OB とします。
(2)線分 AO を 1 辺とする正三角形をかきます。
点 A，O を中心として，それぞれ半径 AO の円をかき，交点を C とします。半直線 OC をひきます。
(3)∠AOC の二等分線を OD とします。

2 （例）

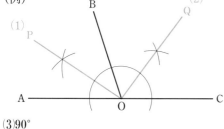

(3)90°

解き方 (3)∠AOB＝a°，∠BOC＝b° とすると
a°＋b°＝180°

$\angle POA = \angle POB = \dfrac{1}{2}a°$

$\angle QOB = \angle QOC = \dfrac{1}{2}b°$

$\angle POQ = \angle POB + \angle QOB$

$\quad = \dfrac{1}{2}a° + \dfrac{1}{2}b° = \dfrac{1}{2}(a° + b°)$

$\quad = \dfrac{1}{2} \times 180° = 90°$

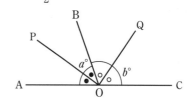

3 （例）

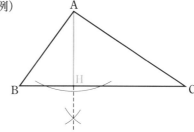

解き方 A を通る直線 BC の垂線を作図し，BC との交点を H とします。

4 （例）

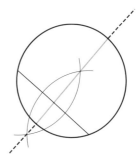

解き方 弦の垂直二等分線が円の中心を通ることを利用します。
適当な弦を 1 本ひき，その弦の垂直二等分線をひきます。その垂直二等分線のうち，円の内部にある部分が，その円の直径となります。

⑤ (例)

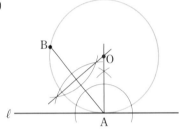

解き方 求める円の中心をOとすると，
BO＝COであるから，Oは線分BCの垂直二等
分線上にあります。
よって，線分BCの垂直二等分線とABとの交点
をOとして，Oを中心として半径OBの円をか
きます。

⑥ (例)

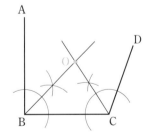

解き方 求める円の中心をOとすると，円Oは点Aで直
線ℓに接することから
OA⊥ℓ
また，OA＝OBであることから，中心Oは線分
ABの垂直二等分線上にあります。
よって，点Aを通る直線ℓの垂線と，線分AB
の垂直二等分線との交点をOとし，OAを半径
とする円をかきます。

⑦ (例)

A
D
O
B C

解き方 ∠ABC，∠BCDそれぞれの二等分線の交点をO
とします。
角の2辺までの距離が等しい点は，その角の二
等分線上にあることを利用した作図の問題です。

> 理解の**コツ**
> ・垂直二等分線や角の二等分線の性質は，作図の手順
> と合わせて覚えるとよい。
> ・作図では，求める図形の性質を読みとり，それに適
> した基本の作図の組み合わせを考える。

p.102～103 ぴたトレ**3**

❶ (1)④，⑤，⑦ (2)⑥
(3)直線 AE （AO，OE）

解き方 (1)向きが同じ三角形をさがします。
(2)点対称移動させると⑥に重なります。
(3)三角形③と⑧の対応する点(BとH，CとGな
ど)を結ぶ線分を垂直に2等分する直線をさが
します。

❷ (例)

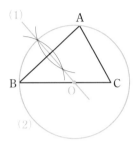

解き方 (2)求める円の中心をOとすると，
OA＝OBであるから，Oは辺ABの垂直二等
分線上にあります。
よって，(1)で作図した垂直二等分線と辺BC
との交点をOとし，半径OAの円をかきます。

❸

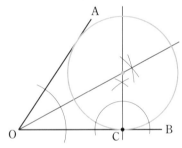

解き方 ∠AOBの角の二等分線をかきます。
点Cを通る直線OBの垂線をかきます。
∠AOBの角の二等分線と点Cを通る直線OBの
垂線の交点を中心に円をかきます。

❹ (例)

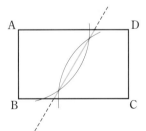

折り目の線を対称の軸としたとき，点 A と C が
対応する点であるから，折り目の線は線分 AC
の垂直二等分線となります。

よって，線分 AC の垂直二等分線をひき，その
垂直二等分線のうち，長方形の内部にある部分
が折り目の線です。

5 (例)

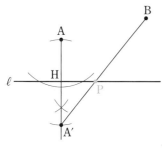

このような問題では，点 A または点 B を直線 ℓ
を対称の軸として対称移動させて考えます。

〈作図の手順〉点 A から直線 ℓ に垂線 AH をひき，
AH＝A′H となる点 A′ を垂線上にとります。

次に，点 A′ と B を通る直線をひき，ℓ との交点
を P とします。

このとき，AP＋PB＝A′P＋PB となり，A′PB は
直線であるから，もっとも短くなります。

---

6 章　空間図形

p.105　ぴたトレ0

1 (1)四角柱

(2)三角柱

それぞれの展開図を，点線にそって折りまげ，
組み立てた図を考えます。

見取図をかくと，次のようになります。

(1) 　(2)

2 (1)辺 IH

(2)頂点 A，頂点 I

わかりにくいときは，見取図をかき，頂点をか
き入れてみます。

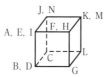

(1)辺 HI としても正解です。

3 (1)120 cm³

(2)180 cm³

(3)2198 cm³

(4)401.92 cm³

それぞれ，底面積×高さ　で求めます。

(1)$(5 \times 3) \times 8 = 120 (\text{cm}^3)$

(2)$(6 \times 10 \div 2) \times 6 = 180 (\text{cm}^3)$

(3)$(10 \times 10 \times 3.14) \times 7 = 2198 (\text{cm}^3)$

(4)底面は，半径が 4 cm の円です。

$(4 \times 4 \times 3.14) \times 8 = 401.92 (\text{cm}^3)$

p.106〜107　ぴたトレ1

1 (1)エ，ク　(2)イ，オ　(3)ウ，カ

それぞれの立体の見取図をかいてみるとよいで
しょう。

(3)円柱，円錐の底面は円で，側面は曲面です。

2 (1)イ　(2)オ　(3)イ　(4)イ

(1)同じ直線上にない3点をふくむ平面は，次の
図のように，ただ1つに決まります。

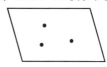

(2)次の図のように，無数にあります。

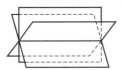

(3)次の図のように，ただ1つに決まります。

(4)次の図のように，ただ1つに決まります。

3 (1)①直線 CF，直線 EF，直線 DF

②直線 AD，直線 CF

③平面 ABC，平面 DEF

④直線 AD

(2)①ねじれの位置　②平行

解き方

(1)①直線 AB と平行でなく，交わらない直線を
さがします。

②底面に垂直な直線はすべて平行です。

③∠BAD＝90°，∠CAD＝90° より
AD⊥面 ABC であることがいえます。
同様にして，∠EDA＝90°，∠FDA＝90°
より，AD⊥面 DEF です。

④平面 BEFC と交わらない直線をさがします。

(2)①平行でなく交わらない位置関係です。

②同じ平面上にあって交わらない位置関係です。

p.108～109　　　　　**ぴたトレ1**

1 (1)平面 EFGH

(2)平面 BCGF，平面 ABFE，平面 ADHE，
平面 CDHG

解き方

(1)四角柱の2つの底面は平行です。

(2)四角柱の側面は長方形か正方形です。
よって，BC⊥BF，BC⊥CG より
BC⊥平面 BCGF です。
平面 ABCD は，辺 BC をふくんでいるから，
平面 ABCD に垂直な平面は，平面 BCGF です。
同様に，平面 ABFE，平面 ADHE，平面 CDHG
も平面 ABCD に垂直です。

2 (1)①垂直　②平行

(2)4 cm

(3)4 cm

解き方

(1)①∠BEF＝90°，∠DEF＝90° より
EF⊥面 ABED がいえます。

②角柱の2つの底面は平行です。

(2)EF⊥面 ABED より，辺 EF の長さが距離にあ
たります。

(3)求める距離は，この三角柱の高さにあたります。
高さを表しているのは辺 BE，CF，AD で4 cm
です。

p.110～111　　　　　**ぴたトレ1**

1 (1)円錐，母線　(2)二等辺三角形，円

解き方

下の図のような円錐ができます。

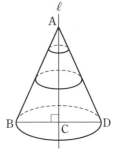

(2)回転の軸をふくむ平面で切ると，切り口は上
の △ABD のようになります。回転体を回転の
軸をふくむ平面で切ると，回転の軸を対称の
軸とする線対称な図形になります。
また，回転体を回転の軸に垂直な平面で切る
と，その切り口はどこで切っても円になります。

2 (1) 　　(2)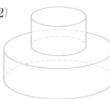

(3)

回転体は，円柱，円錐，球やその一部を組み合
わせた立体になります。
回転の軸を対称の軸とする線対称な形をかき，
対応する点を弧で結び，立体に見えるようにし
ます。

3 (1)円柱　(2)三角錐　(3)三角柱　(4)四角錐

解き方 柱体の立面図は長方形に，錐体の立面図は三角形になります。また，平面図に底面の形が表されています。

(1)底面が円の柱体であるから，円柱です。

(2)底面が三角形の錐体であるから，三角錐です。

(3)底面が三角形の柱体であるから，三角柱です。

(4)底面が四角形の錐体であるから，四角錐です。

p.112〜113　　　**ぴたトレ2**

① (1)頂点… 4，　面… 4

(2)頂点… 6，　面… 8

(3)頂点…10，　面… 7

解き方 角柱や角錐の頂点，面の数は次のようになります。

n 角柱　頂点…$2n$，　　面…$n+2$

n 角錐　頂点…$n+1$，面…$n+1$

② (1)決まらない。　　(2) 4 つ

解き方 (1)下の図のように，無数にあって 1 つに決まりません。

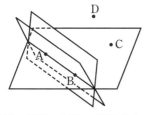

(2)平面 ABC，ABD，ACD，BCD の 4 つ。

③ (1)直線 ED，直線 GH，直線 KJ

(2)直線 BC，直線 CD，直線 DE，直線 EF，直線 HI，直線 IJ，直線 JK，直線 KL

(3)直線 GH，直線 HI，直線 IJ，直線 JK，直線 KL，直線 LG

(4)平面 AGLF

(5)平面 AGHB，平面 BHIC，平面 CIJD，平面 DJKE，平面 EKLF，平面 FLGA

(6)120°

解き方 (1)面 ABCDEF は正六角形であるから AB∥ED です。

また，ED∥KJ より AB∥KJ です。

(2)平行でなく交わらない直線をさがします。BH，CI，DJ，EK，FL はすべて AG と平行，また，AF，AB，GL，GH は AG と交わっています。したがって，それ以外の直線がねじれの位置にあるといえます。

(3)面 ABCDEF と平行な面 GHIJKL にふくまれる直線が，すべて面 ABCDEF に平行になります。

(4)平面 CIJD と平面 AGLF は，交わらないので平行です。

(5)面 GHIJKL は底面。底面に垂直な面は側面で，6 つあります。

(6) 2 つの平面がつくる角の大きさは ∠BAF で表されます。正六角形の 1 つの角で120° です。

④ (1)　　　　　　　(2)

(3)

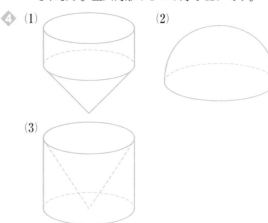

解き方 (1)円柱と円錐を組み合わせた立体ができます。

(2)球を半分に切った立体ができます。

(3)円柱から円錐を取り除いた立体ができます。

⑤ (1)　　　ℓ　　　(2)・　　　ℓ

(3)　　　ℓ

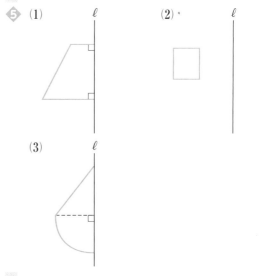

解き方 軸をふくむ平面で切ったときの切り口の形を考えます。

⑥ (1)

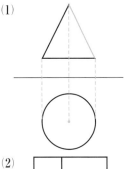

(2)

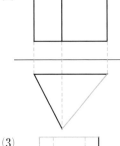

(3)

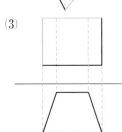

解き方 (1)立面図は二等辺三角形になります。立面図と
平面図の頂点を破線で結んでおきます。
(2)平面図は三角形になります。
(3)立面図は長方形になります。立面図の後ろに
かくれて見えない線は，破線でかいておきます。

◻ 理解の**コツ**

・空間での位置関係についての問題は，簡単な見取図
をかいて考えるとよい。
・回転体の問題は，回転の軸をふくむ平面で切った図
形をベースにして考えるとよい。回転の軸をふくむ
平面で切ると，どこで切っても合同で線対称な図形
になる。
・投影図は，立面図と平面図の対応する頂点が上下に
そろうようにかく。

---

p.114〜115 ぴたトレ**1**

1 (1)225 cm³　(2)20π cm³

(3)96 cm³　(4)225π cm³

解き方 (1)底面積は $\frac{1}{2}×9×10 = 45$(cm²)

体積は $45×5 = 225$(cm³)

(2)底面積は $π×2^2 = 4π$(cm²)

体積は $4π×5 = 20π$(cm³)

(3)底面積は $\frac{1}{2}×8×12 = 48$(cm²)

体積は $48×2 = 96$(cm³)

(4)底面積は $π×5^2 = 25π$(cm²)

体積は $25π×9 = 225π$(cm³)

2 (1)192 cm³　(2)560 cm³

角錐の体積は，底面積と高さが等しい角柱の体

積の $\frac{1}{3}$ になります。

(1)$\frac{1}{3}×(8×8)×9 = 192$(cm³)

(2)$\frac{1}{3}×(10×14)×12 = 560$(cm³)

3 (1)120π cm³　(2)80π cm³

円錐の体積は，底面積と高さが等しい円柱の体

積の $\frac{1}{3}$ になります。

(1)$\frac{1}{3}×π×6^2×10 = 120π$(cm³)

(2)$\frac{1}{3}×π×4^2×15 = 80π$(cm³)

---

p.116〜117 ぴたトレ**1**

1 (1)三角柱　(2)9 cm

(3)① 8 cm　②24 cm

解き方 展開図の問題で，辺の長さや面などを考えると
きは，見取図をかき，必要な頂点の記号などを
かきこんで考えます。
(1)組み立てると，下の図のようになります。
合同な2つの三角形の面が底面になります。

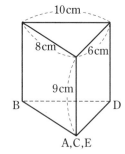

(2)3つの長方形の面が側面になります。

(3)①辺 BC は辺 AB と重なります。

②線分 AE は，三角柱の底面の周の長さに等しくなります。

$8+10+6=24$（cm）

2 (1)8 cm　(2)10π cm

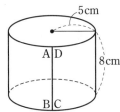

展開図を組み立てると，下の図のようになります。

(1)辺 AB は円柱の高さにあたるから　8 cm

(2)辺 AD は底面の円周の長さに等しくなります。

$2\pi\times5=10\pi$（cm）

3 (1)弧の長さ…3π cm，面積…15π cm²

(2)弧の長さ…8π cm，面積…36π cm²

(1)弧の長さは　$2\pi\times10\times\dfrac{54}{360}=3\pi$（cm）

面積は　$\pi\times10^{2}\times\dfrac{54}{360}=15\pi$（cm²）

(2)弧の長さは　$2\pi\times9\times\dfrac{160}{360}=8\pi$（cm）

面積は　$\pi\times9^{2}\times\dfrac{160}{360}=36\pi$（cm²）

半径が r，弧の長さが ℓ のおうぎ形の面積 S は

$S=\dfrac{1}{2}\ell r$

よって，面積は次のように求めることもできます。

(1)$\dfrac{1}{2}\times3\pi\times10=15\pi$（cm²）

(2)$\dfrac{1}{2}\times8\pi\times9=36\pi$（cm²）

4 120°

おうぎ形の中心角を求める問題では，中心角を $x°$ として，弧の長さを求める公式にあてはめて方程式をつくり，それを解きます。

中心角の大きさを $x°$ とすると

$2\pi\times6\times\dfrac{x}{360}=4\pi$　より　$x=120$

よって，中心角の大きさは　120°

1 (1)108 cm²　(2)88π cm²

(1)底面積は　$\dfrac{1}{2}\times4\times3=6$（cm²）

側面積は　$8\times(4+5+3)=96$（cm²）

表面積は　$6\times2+96=108$（cm²）

(2)底面積は　$\pi\times4^{2}=16\pi$（cm²）

側面の長方形の横の長さは

$2\pi\times4=8\pi$（cm）

側面積は　$7\times8\pi=56\pi$（cm²）

表面積は　$16\pi\times2+56\pi=88\pi$（cm²）

2 (1)85 cm²　(2)48π cm²

(1)底面積は　$5\times5=25$（cm²）

正四角錐の側面は，合同な4つの二等辺三角形です。

側面積は　$\left(\dfrac{1}{2}\times5\times6\right)\times4=60$（cm²）

表面積は　$25+60=85$（cm²）

角錐に底面は1つしかないことに注意します。

(2)底面積は　$\pi\times4^{2}=16\pi$（cm²）

側面のおうぎ形の弧の長さは，底面の円周の長さに等しくなります。

$2\pi\times4=8\pi$（cm）

半径が r，弧の長さが ℓ のおうぎ形の面積は

$\dfrac{1}{2}\ell r$

よって，側面積は　$\dfrac{1}{2}\times8\pi\times8=32\pi$（cm²）

表面積は　$16\pi+32\pi=48\pi$（cm²）

3 972π cm³

半径が r の球の体積を V とすると，

$V=\dfrac{4}{3}\pi r^{3}$

半径は　9 cm

$\dfrac{4}{3}\times\pi\times9^{3}=972\pi$（cm³）

4 400π cm²

半径が r の球の表面積を S とすると，

$S=4\pi r^{2}$

半径は　10 cm

$4\pi\times10^{2}=400\pi$（cm²）

① (1)表面積…360 cm²，　体積…300 cm³

　　(2)表面積…130π cm²，体積…200π cm³

 解き方

(1)底面積は　$\dfrac{1}{2}\times5\times12=30\,(\text{cm}^2)$

　側面積は　$10\times(5+12+13)=300\,(\text{cm}^2)$

　表面積は　$30\times2+300=360\,(\text{cm}^2)$

　体積は　$30\times10=300\,(\text{cm}^3)$

(2)底面積は　$\pi\times5^2=25\pi\,(\text{cm}^2)$

　側面積は　$8\times(2\pi\times5)=80\pi\,(\text{cm}^2)$

　表面積は　$25\pi\times2+80\pi=130\pi\,(\text{cm}^2)$

　体積は　$25\pi\times8=200\pi\,(\text{cm}^3)$

② (1)96 cm³　(2)32π cm³

解き方

(1)$\dfrac{1}{3}\times(6\times6)\times8=96\,(\text{cm}^3)$

(2)$\dfrac{1}{3}\times\pi\times4^2\times6=32\pi\,(\text{cm}^3)$

③ 500 cm³

解き方

台形 BFGC を底面とする四角柱とみることができます。

底面積は　$\dfrac{1}{2}\times(11+14)\times5=\dfrac{125}{2}\,(\text{cm}^2)$

体積は　$\dfrac{125}{2}\times8=500\,(\text{cm}^3)$

④ (1)162π cm²　(2)162π cm³

解き方

(1)底面積は

（大きい円の面積）−（小さい円の面積）より

$\pi\times6^2-\pi\times3^2=27\pi\,(\text{cm}^2)$

側面積は

（大きい円柱の側面積）+（小さい円柱の側面積）

より　$6\times(2\pi\times6)+6\times(2\pi\times3)=108\pi\,(\text{cm}^2)$

表面積は　$27\pi\times2+108\pi=162\pi\,(\text{cm}^2)$

(2)（大きい円柱の体積）−（小さい円柱の体積）

より　$\pi\times6^2\times6-\pi\times3^2\times6=162\pi\,(\text{cm}^3)$

（別解）（体積）=（底面積）×（高さ）より

$27\pi\times6=162\pi\,(\text{cm}^3)$

⑤ (1)57π cm²　(2)63π cm³

解き方

(1)（円柱の底面積）+（円柱の側面積）

　+（半球の球面部分の表面積）で求められます。

円柱の底面積は　$\pi\times3^2=9\pi\,(\text{cm}^2)$

円柱の側面積は　$5\times(2\pi\times3)=30\pi\,(\text{cm}^2)$

半球の球面部分の表面積は

$(4\pi\times3^2)\times\dfrac{1}{2}=18\pi\,(\text{cm}^2)$

求める立体の表面積は

$9\pi+30\pi+18\pi=57\pi\,(\text{cm}^2)$

(2)（円柱の体積）+（半球の体積）で求められます。

円柱の体積は　$\pi\times3^2\times5=45\pi\,(\text{cm}^3)$

半球の体積は　$\left(\dfrac{4}{3}\pi\times3^3\right)\times\dfrac{1}{2}=18\pi\,(\text{cm}^3)$

求める立体の体積は

$45\pi+18\pi=63\pi\,(\text{cm}^3)$

⑥ (1)$\dfrac{45}{2}$ cm³　(2)27 cm²

 解き方

(1)もとの立方体の体積は

$3\times3\times3=27\,(\text{cm}^3)$

切り取った三角錐 G−BCD の体積は

$\dfrac{1}{3}\times\left(\dfrac{1}{2}\times3\times3\right)\times3=\dfrac{9}{2}\,(\text{cm}^3)$

求める体積は

$27-\dfrac{9}{2}=\dfrac{45}{2}\,(\text{cm}^3)$

(2)点 C をふくむ立体の 4 つの面 △CBD，△CBG，

△CDG，△BGD と，点 A をふくむ立体の 4 つ

の面 △ABD，△FGB，△HDG，△BGD の面積

は等しいから，2 つの立体の表面積の差は，正

方形 ABFE，EFGH，AEHD の面積の和に等し

くなります。

よって　$3\times3\times3=27\,(\text{cm}^2)$

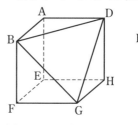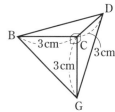

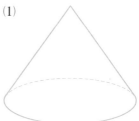

⑦ (1)

(2)12π cm³　(3)216°　(4)24π cm²

解き方

(1)底面の半径が 3 cm，高さが 4 cm，母線の長さ
　が 5 cm の円錐ができます。

(2)$\dfrac{1}{3}\times\pi\times3^2\times4=12\pi\,(\text{cm}^3)$

(3)おうぎ形の中心角を $x°$ とすると

$2\pi\times5\times\dfrac{x}{360}=2\pi\times3$

これを解くと　$x=216$

(4)底面積は　　　$\pi\times3^2=9\pi\,(\text{cm}^2)$

展開図において，側面のおうぎ形の弧の長さは

$$2\pi\times3=6\pi\,(\text{cm})$$

側面積は　　$\dfrac{1}{2}\times6\pi\times5=15\pi\,(\text{cm}^2)$

表面積は　　$9\pi+15\pi=24\pi\,(\text{cm}^2)$

（側面積の別解）

側面積は　　$\pi\times5^2\times\dfrac{216}{360}=15\pi\,(\text{cm}^2)$

理解のコツ

・立体の問題では，図をかくことを心がけるとよい。問題に図がないときはもちろん，図が示されているときでも，必要に応じて見取図や展開図をかいてみるとよい。

・表面積や体積を求める問題では，計算に必要な長さをまず確認するようにする。

p.122〜123　ぴたトレ3

① (1)○　(2)×　(3)○　(4)×

(1)ℓ と n はつねに平行になります。

(2)直線 ℓ と m は交わったり，ねじれの位置になったりする場合があります。

(3)ℓ と m はつねに平行になります。

(4)ℓ は Q に交わる場合もあります。

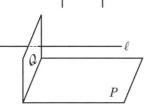

② (1)面ア，面イ，面エ，面カ

(2)面ウ，面オ　(3)面ウ，面カ

展開図を組み立てると，下の図のようになります。

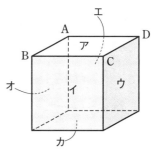

(1)立方体では，1つの面に垂直な面は4つあります。

(2)立方体では，1つの辺に垂直な面は2つあります。

(3)立方体では，1つの辺に平行な面は2つあります。

③ (1)5π cm　(2)27π cm^2　(3)$270°$

(1)$2\pi\times4\times\dfrac{225}{360}=5\pi\,(\text{cm})$

(2)$\pi\times9^2\times\dfrac{120}{360}=27\pi\,(\text{cm}^2)$

(3)中心角を $x°$ とすると

$$2\pi\times8\times\dfrac{x}{360}=12\pi$$
$$x=270$$

④ (1)表面積…16π cm^2，体積…$\dfrac{32}{3}\pi$ cm^3

(2)表面積…96π cm^2，体積…96π cm^3

(1)直径が 4 cm の球の投影図です。

表面積は　　$4\pi\times2^2=16\pi\,(\text{cm}^2)$

体積は　　$\dfrac{4}{3}\pi\times2^3=\dfrac{32}{3}\pi\,(\text{cm}^3)$

(2)底面の半径が 6 cm，高さが 8 cm，母線の長さが 10 cm の円錐の投影図です。

底面積は　　$\pi\times6^2=36\pi\,(\text{cm}^2)$

展開図において，側面のおうぎ形の弧の長さは

$$2\pi\times6=12\pi\,(\text{cm})$$

側面積は　　$\dfrac{1}{2}\times12\pi\times10=60\pi\,(\text{cm}^2)$

表面積は　　$36\pi+60\pi=96\pi\,(\text{cm}^2)$

体積は　　$\dfrac{1}{3}\times\pi\times6^2\times8=96\pi\,(\text{cm}^3)$

⑤ (1)280π cm³　(2)168π cm³

解き方

下の図のような立体ができます。

(1)底面の半径が 6 cm，高さが 6 cm の円柱と，底面の半径が 4 cm，高さが 4 cm の円柱の体積の和を求めます。

$\pi\times6^2\times6+\pi\times4^2\times4=280\pi$（cm³）

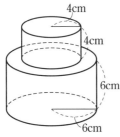

(2)底面の半径が 6 cm，高さが 4 cm の円柱と，底面の半径が 6 cm，高さが 6 cm の円錐の体積の和から，底面の半径が 6 cm，高さが 4 cm の円錐の体積をひいて求めます。

$\pi\times6^2\times4+\dfrac{1}{3}\times\pi\times6^2\times6-\dfrac{1}{3}\times\pi\times6^2\times4$

$=144\pi+72\pi-48\pi=168\pi$（cm³）

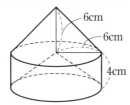

⑥ (1)2 cm　(2)20π cm²

解き方

(1)4 回転したから，底面の円周の長さの 4 倍が半径 8 cm の円の円周の長さに等しくなります。

底面の半径を x cm とすると

$4\times(2\pi\times x)=2\pi\times8$

これを解くと　$x=2$

（別解）4 回転したから，円錐の展開図において，側面のおうぎ形は円を 4 等分した図形です。

おうぎ形の中心角は

$360°\div4=90°$

底面の半径を x cm とすると

$2\pi x=2\pi\times8\times\dfrac{90}{360}$

これを解くと　$x=2$

(2)底面積は　$\pi\times2^2=4\pi$（cm²）

側面積は　$\dfrac{1}{2}\times(2\pi\times2)\times8=16\pi$（cm²）

表面積は　$4\pi+16\pi=20\pi$（cm²）

7章　データの活用

p.125 ぴたトレ**0**

① (1)24（m）　(2)23.5（m）　(3)23（m）

(4)

距離(m)　以上　未満	人数(人)
15 ～ 20	3
20 ～ 25	5
25 ～ 30	4
30 ～ 35	2
合計	14

(5)

ソフトボール投げの記録

解き方

(1)資料の値の合計は 336，資料の個数は 14 だから，336÷14＝24（m）

(2)資料の数が 14 だから，7 番目と 8 番目の値の平均値を求めます。

（23＋24）÷2＝23.5（m）

p.126～127 ぴたトレ**1**

① (1)22 cm

(2)

記録(cm)	度数(人)
40 以上 45 未満	1
45 ～ 50	5
50 ～ 55	7
55 ～ 60	4
60 ～ 65	2
65 ～ 70	1
計	20

(3)5 cm　(4)3 人

解き方

(1)もっとも低いのは 44 cm，もっとも高いのは 66 cm

66－44＝22（cm）

(2)50 cm とんだ人は 50 cm 以上 55 cm 未満の階級に入ることに注意します。

(3)45－40＝5（cm）

(4)60 cm 以上 65 cm 未満は 2 人

65 cm 以上 70 cm 未満は 1 人

2＋1＝3（人）

2 (1)下の図

(2)50 cm 以上 55 cm 未満

(3)55 cm 以上 60 cm 未満

(4)

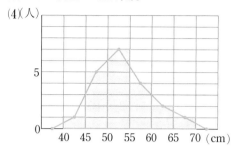

解き方

(2)度数がもっとも大きいのは 7 人であるから，その階級を答えます。

(3)55 cm 以上 60 cm 未満の階級に
　1+2+1=4(番目)から
　1+2+4=7(番目)までの人が入っています。

(4)度数折れ線をつくるときは，ヒストグラムの左右の両端に度数 0 の階級があるものと考えて点をうちます。

p.128〜129 ⬛ **ぴたトレ1**

1 (1)

階級(m)	度数(人)		相対度数	
	1 年生	3 年生	1 年生	3 年生
5 以上 10 未満	4	0	0.08	0.00
10 〜 15	11	4	0.22	0.20
15 〜 20	22	6	0.44	0.30
20 〜 25	11	7	0.22	0.35
25 〜 30	2	3	0.04	0.15
計	50	20	1.00	1.00

(2)1 年生…26 %，3 年生…50 %

(3)(例)度数だけを比べると，1 年生は 3 年生の約 3 倍になっているが，相対度数はほぼ同じである。

(4)

階級(m)	1 年生			3 年生		
	度数	累積度数	累積相対度数	度数	累積度数	累積相対度数
5 以上 10 未満	4	4	0.08	0	0	0.00
10 〜 15	11	15	0.30	4	4	0.20
15 〜 20	22	37	0.74	6	10	0.50
20 〜 25	11	48	0.96	7	17	0.85
25 〜 30	2	50	1.00	3	20	1.00
計	50			20		

(5)(例) 3 年生の方が 1 年生より全体的に記録がよい。

度数がもっとも大きい階級も，3 年生の方が高い。

解き方

(1)相対度数は，各階級の度数を度数の合計でわった商です。

10 m 以上 15 m 未満の階級の相対度数は
　1 年生　　11÷50＝0.22
　3 年生　　4÷20＝0.20

(2)相対度数を使って求めます。
　1 年生　　0.22＋0.04＝0.26 → 26 %
　3 年生　　0.35＋0.15＝0.50 → 50 %

(3)度数の合計がちがっているため，度数だけを比較しても，2 つの分布のようすのちがいはよくわかりません。

(4)度数分布表において，各階級以下または各階級以上の階級の度数をたし合わせたものを累積度数といいます。

よって，1 年生の階級 10 m 以上 15 m 未満の累積度数は，
4＋11＝15

累積相対度数は，各階級以下または各階級以上の階級の相対度数をたし合わせて求めます。

(5)度数の異なる 2 つの資料は，相対度数を比べることで，分布のようすのちがいがわかりやすくなります。

p.130〜131 ⬛ **ぴたトレ1**

1 (1)㋐0.396　㋑0.391

(2)0.39

解き方

(1)相対度数は $\dfrac{\text{表が出た回数}}{\text{投げた回数}}$ で求めます。

㋐表が出た回数が 198，投げた回数が 500 なので $\dfrac{198}{500}=0.396$

㋑表が出た回数が 782，投げた回数が 2000 なので $\dfrac{782}{2000}=0.391$

(2)表が出る相対度数は，0.396，0.392，0.391，0.391 で，投げる回数が増えると，表が出る回数が，0.39 に近づきます。これを確率といいます。

2 (1)㋐0.61　㋑0.60

(2)0.6

(3)あ

(1)⑦上向きになった回数が 305，投げた回数は，

500 なので，$\dfrac{305}{500} = 0.61$

④上向きになった回数が 596，投げた回数は，

1000 なので，$\dfrac{596}{1000} = 0.596$

0.596 の小数第 3 位を四捨五入して，0.60

(2)上向きになる相対度数は，

0.58，0.61，0.61，0.60，0.60

投げる回数が増えるにつれて，0.60 に近づい
ています。小数第 2 位を四捨五入して 0.6

(3)投げた回数から上向きになった回数をひくと，
上向き以外になった回数を求められます。

投げた回数	上向き以外に なった回数	上向き以外に なる相対度数
100	42	0.42
300	116	0.39
500	195	0.39
800	324	0.41
1000	404	0.40

上向き以外になる確率は 0.4

よって，上向きになるほうが起こりやすいと
考えられます。

---

p.132~133 **ぴたトレ2**

❶ (1)**16 kg** (2)**25 kg**

(3)

階級(kg)	度数(人)
16 以上 20 未満	2
20 ～ 24	5
24 ～ 28	9
28 ～ 32	3
32 ～ 36	1
計	20

(4)**4 kg** (5)**26 kg**

(6)，(7)

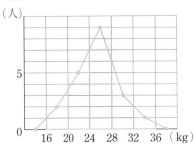

---

(1)資料を小さい順に並べると

17，19，20，21，22，23，23，24，24，25，

25，26，26，27，27，27，28，29，30，33

記録の範囲は 33−17＝16(kg)

(2)10 番目と 11 番目の平均で 25 kg

(4)20−16＝4(kg)

(5)度数がもっとも大きい階級の階級値を求めま
す。

24 kg 以上 28 kg 未満の階級値で

(24＋28)÷2＝26(kg)

(7)ヒストグラムの左右の両端に度数 0 の階級が
あるものと考えて点をうちます。

❷ (1)①**0.45** ②**0.10**

(2)**0.60**

(3)**15 %**

(1)相対度数は

$\dfrac{その階級の度数}{度数の合計}$ で求めます。

①60 分以上 120 分未満の階級の度数は 18，

度数の合計は 40 なので，$\dfrac{18}{40} = 0.45$

②180 分以上 240 分未満の階級の度数は 4，

度数の合計は 40 なので，$\dfrac{4}{40} = 0.10$

(2)120 分未満の階級は，0 分以上 60 分未満，

60 分以上 120 分未満の 2 つ。

0 分以上 60 分未満の相対度数は 0.15。

60 分以上 120 分未満の相対度数は 0.45。

120 分未満の累積相対度数は上の 2 つをたし合
わせたものになるので，

0.15＋0.45＝0.60

(3)180 分以上の階級は，180 分以上 240 分未満と
240 分以上 300 分未満の 2 つ。

180 分以上 240 分未満の相対度数は 0.10。

240 分以上 300 分未満の相対度数は 0.05。

たし合わせると，

0.10＋0.05＝0.15 よって，15 %

❸ (1)**0.192** (2)**0.19**

(1)$\dfrac{96}{500} = 0.192$

(2)200 回投げたときの表向きになる割合は，

$\dfrac{39}{200} = 0.195$

500 回投げたときは，0.192

1000 回投げたときは，$\dfrac{191}{1000} = 0.191$

2000 回投げたときは，$\dfrac{381}{2000} = 0.1905$

回数が増えるごとに，0.19 に近づいていきます。

1
(1) 5 cm
(2)（人）

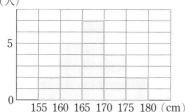

(3) 30 %　(4) 0.35　(5) 167.25 cm

(1) 160−155＝5（cm）
(3) (4＋2)÷20＝0.3
(4) 165 cm 以上 170 cm 未満の階級で 7 人である
　　から
　　7÷20＝0.35
(5) 157.5×2＋162.5×5＋167.5×7
　　＋172.5×4＋177.5×2＝3345
　　3345÷20＝167.25（cm）

2
①

1 年生は 8〜10 時間の相対度数が 0.40，10〜12
時間の相対度数が 0.25 なので，
0.40＋0.25＝0.65
8 時間以上の生徒は 6 割より多いといえます。
よって，①は適切です。
2 年生では，6〜8 時間と答えた生徒がもっとも多
いので，②は適切ではありません。
1 年生は 2〜4 時間の相対度数が 0.05，4〜6 時間
の相対度数が 0.25 なので，
0.05＋0.25＝0.30
よって，③は適切ではありません。
全体の傾向として，睡眠時間が長いのは 1 年生
の方です。よって，④は適切ではありません。

3
(1)

通学距離(km)	度数(人)	累積度数(人)	累積相対度数
0 以上 1 未満	9	9	0.25
1 〜 2	12	21	0.58
2 〜 3	6	27	0.75
3 〜 4	5	32	0.89
4 〜 5	3	35	0.97
5 〜 6	1	36	1.00
計	36		

(2) 75 %
(3) 5 km 未満

(1) 0 km 以上 1 km 未満の相対度数は
　　$\dfrac{9}{36}＝0.25$
　　1 km 以上 2 km 未満の累積相対度数は
　　21÷36＝0.5833…
　　小数第 3 位を四捨五入して 0.58
　　同じように計算していきます。
(2) 3 km 未満の累積度数は 27 人。
　　$\dfrac{27}{36}＝0.75$
(3) 累積相対度数が 0.90 以上の 4 km 以上 5 km 未
　　満の階級をふくむ，5 km 未満が全体の 9 割以
　　上といえます。

4
(1) 0.45　(2) 0.25

(1) $\dfrac{1260}{2800}＝0.45$
(2) 相対度数は，$\dfrac{200}{2800}＝0.25$
これはイベントの来客数が 30 才以上 40 才未満
である確率といえます。

出題傾向

正の数，負の数の計算問題は，必ず何題か出題される。ここで確実に点がとれるようにしよう。
また，基準を決めて，数量をその過不足で表したり，それらの平均を求める問題もほぼ必ず出題される。過不足を利用して計算すると，速く正確にできるよ。

❶ (1) 1, 7　(2) 1, 0, −5, 7
　(3) −7.6, −5

解き方

(1)正の整数を答えます。
　0 は自然数ではありません。
(2)整数には，負の整数，0，正の整数(自然数)があります。
(3)0 は，正の数でも負の数でもありません。
　負の記号がついているものを答えます。

❷ (1)南へ −3 m 進む　(2)+16 cm 長い

解き方

反対の意味のことばを使って同じ内容のことがらを表すには，数の符号を反対にします。
(1)北⟷南　　　+3 m ⟷ −3 m
(2)短い⟷長い　　−16 cm ⟷ +16 cm
「+」の符号は省いても正解です。

❸ A…−5, B…−1.5 $\left(-\dfrac{3}{2}\right)$, C…+4.5 $\left(\dfrac{9}{2}\right)$

解き方

小さい 1 めもりは 0.5 を表します。
A を −7, B を −2.5 とするミスに注意します。
負の数は，0 から左方向に絶対値が大きくなっていきます。

❹ (1) −6　(2) $-\dfrac{1}{2}$　(3) −20　(4) −3　(5) $-\dfrac{5}{2}$
　(6) −36

解き方

(1) −23＋17＝−(23−17)＝−6
(2) $\left(-\dfrac{2}{3}\right)-\left(-\dfrac{1}{6}\right)=\left(-\dfrac{4}{6}\right)+\left(+\dfrac{1}{6}\right)$
　$=-\left(\dfrac{4}{6}-\dfrac{1}{6}\right)=-\dfrac{3}{6}=-\dfrac{1}{2}$
(3) 10−15＋4−19＝10＋4−15−19
　＝14−34＝−20
(4) 1.8÷(−0.6)＝−(1.8÷0.6)＝−3

(5)$(-5)\times\left(-\dfrac{1}{4}\right)\times(-2)=-\left(5\times2\times\dfrac{1}{4}\right)$
　$=-\left(5\times\dfrac{1}{2}\right)=-\dfrac{5}{2}$
(6)$(-2)^2\times(-3^2)=4\times(-9)$
　$=-36$

❺ (1) −10　(2) 13　(3) 8　(4) 5　(5) −1　(6) $-\dfrac{4}{3}$

解き方

(1) −16＋3×2＝−16＋6＝−10
(2) 5−24÷(−3)＝5−(−8)＝5＋8＝13
(3) $(-2)^2\times6-4^2=4\times6-16=24-16=8$
(4) $14-(2-5)^2=14-(-3)^2=14-9=5$
(5) $\left(\dfrac{5}{6}-\dfrac{3}{4}\right)\times(-12)=\dfrac{5}{6}\times(-12)-\dfrac{3}{4}\times(-12)$
　$=-10-(-9)=-10+9=-1$
(6) $\dfrac{4}{5}\times\left(-\dfrac{2}{3}\right)+\dfrac{6}{5}\times\left(-\dfrac{2}{3}\right)=\left(\dfrac{4}{5}+\dfrac{6}{5}\right)\times\left(-\dfrac{2}{3}\right)$
　$=2\times\left(-\dfrac{2}{3}\right)=-\dfrac{4}{3}$

❻ ㋐

解き方

具体的な数を使って計算してみるとよいでしょう。
㋐負の整数と負の整数の和は，いつでも負の整数になります。
㋑−2−(−3)＝1 のように，ひく数の絶対値の方が大きいとき，負の整数から負の整数をひいた差は正の整数になります。
㋒，㋓負の数どうしの積と商は，いつでも正の数になります。

❼ (1) $3^2\times7$　(2) $3\times5\times7^2$
　(3) $2^3\times3^2\times5$

解き方

(1)
```
3)63
3)21
  7
```
(2)
```
3)735
5)245
7) 49
   7
```
(3)
```
2)360
2)180
2) 90
3) 45
3) 15
   5
```

❽ (1) 56 点　(2) 21 点　(3) 70 点

解き方

(1)クラス全体の平均点は
　75−8＝67(点)
　B さんの得点は　67−11＝56(点)
(2) 17−(−4)＝21(点)
(3)平均点とのちがいの合計は
　(+8)＋(−11)＋(+17)＋(+5)＋(−4)＝15
　よって　67＋15÷5＝70(点)

数量を文字式で表すなど，文字式の計算がよく出題される。文字式の表し方をマスターして，文字式の意味を理解した上でやってみよう。数学では文字を使って表すことが多くなるからしっかりした基礎固めが大切になる。

① (1)$-ab$　(2)$x^2 y^2$　(3)$-\dfrac{x}{4}$　(4)$2m-3n$

解き方

(1)係数が 1 や−1 のときは，1 をはぶきます。
　文字は，ふつうアルファベット順に並べます。
(2)同じ文字の積は，累乗の指数を使って表します。
(3)商は分数の形で表します。このとき，負の符号は分数の前に書きます。

$$x\div(-4)=\dfrac{x}{-4}=-\dfrac{x}{4}$$

　乗法になおして表してもかまいません。

$$x\div(-4)=x\times\left(-\dfrac{1}{4}\right)=-\dfrac{1}{4}x$$

(4)加法と減法の記号＋，−ははぶきません。
　符号の変化は，数の計算のときと同じです。

$$m\times2+n\times(-3)=2m+(-3n)=2m-3n$$

② (1)$(1000-12\times a)$ 円　(2)$\dfrac{7}{10}a$ 円$(0.7a$ 円$)$

(3)$\dfrac{30}{y}$ 時間

解き方

(1)品物の代金は $a\times12=12a$(円) と表されます。
　（おつり）＝（出した金額）−（代金）
(2)$a\times\left(1-\dfrac{3}{10}\right)=\dfrac{7}{10}a$(円)
　$a\times(1-0.3)=0.7a$(円) としてもかまいません。
(3)道のりは　$10\times3=30$(km)

③ (1)-15　(2)12　(3)15　(4)$-\dfrac{17}{6}$

解き方

(1)$2x-9=2\times(-3)-9=-6-9=-15$
(2)$x^2-x=(-3)^2-(-3)=9+3=12$
(3)$3(x+2y)=3x+6y=3\times(-3)+6\times4$
　　　　　　$=-9+24=15$
(4)$\dfrac{y}{x}+\dfrac{x}{2}=\dfrac{4}{-3}+\dfrac{-3}{2}=-\dfrac{4}{3}-\dfrac{3}{2}$
　　　　　$=-\dfrac{8}{6}-\dfrac{9}{6}=-\dfrac{17}{6}$

④ (1)32 °F　(2)77 °F　(3)14 °F

解き方

カ氏(°F)を求める式の t に，それぞれのセ氏の温度を代入します。
(1)$32+1.8\times0=32$(°F)
(2)$32+1.8\times25=32+45=77$(°F)
(3)$32+1.8\times(-10)=32-18=14$(°F)

⑤ (1)$-6x$　(2)$-2x-3$　(3)$-18a$　(4)$4a$
(5)$-10a+15$　(6)$-9x+12$　(7)$4a-11$
(8)$\dfrac{-2x-5}{12}$　(9)$-4x-2$　(10)$x-13$

解き方

(1)$7x-4x-9x=(7-4-9)x=-6x$
(2)$(x+2)-(5+3x)=x+2-5-3x=-2x-3$
(3)$6a\times(-3)=6\times(-3)\times a=-18a$
(4)$-72a\div(-18)=\dfrac{-72a}{-18}=4a$
(5)$-5(2a-3)=-5\times2a-5\times(-3)=-10a+15$
(6)$(6x-8)\div\left(-\dfrac{2}{3}\right)=6x\times\left(-\dfrac{3}{2}\right)-8\times\left(-\dfrac{3}{2}\right)$
　　$=-9x+12$
(7)$3(2a-1)-2(a+4)=6a-3-2a-8$
　　$=4a-11$
(8)$\dfrac{x+1}{3}-\dfrac{2x+3}{4}=\dfrac{4(x+1)}{12}-\dfrac{3(2x+3)}{12}$
　　$=\dfrac{4x+4-6x-9}{12}=\dfrac{-2x-5}{12}$
(9)$8\times\dfrac{x-6}{4}+6\left(-x+\dfrac{5}{3}\right)=2(x-6)-6x+10$
　　$=2x-12-6x+10=-4x-2$
(10)$6\left(\dfrac{2}{3}x-\dfrac{5}{2}\right)-(6x-4)\div2=4x-15-3x+2$
　　$=x-13$

⑥ (1)12 cm　(2)$(3n+3)$ cm

解き方

(1)下の図の正三角形 ABC の周囲の長さと等しくなります。$4\times3=12$(cm)

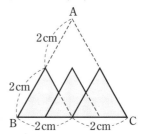

(2)1 辺が 2 cm の正三角形の枚数とできる図形の周囲の長さの関係は，次の表のようになります。

枚数(枚)	1	2	3	4	5	…
長さ(cm)	6	9	12	15	18	…

周囲の長さは，正三角形が 1 枚増えると 3 cm ずつ増えます。
$6+3\times(n-1)=3n+3$(cm)

⑦ (1)$x=3y+2$　(2)$\dfrac{100a-b}{4}\leqq90$

解き方

(1)配ったノートの冊数は $3y$ 冊となります。
(2)長さの単位をそろえることに注意します。
　a m$=100a$ cm

出題傾向

方程式の解き方は必ず出題される。係数が小数や分数のものも 1，2 問は出るから，解き方をしっかりマスターしておこう。移項のときの符号の変化には特に注意が必要だ。

文章題は，過不足や速さの問題がよく出る。差がつきやすい内容であるから，類題をたくさん解いて勉強しよう。

❶ ㋑，㋒，㋕

解き方 方程式に $x＝-2$ を代入して，等式が成り立つものを選びます。

❷ $(1)x＝9$　$(2)x＝-8$　$(3)x＝4$　$(4)x＝-6$

$(5)x＝-5$　$(6)x＝-2$

解き方
(1) $-7x＝-63$
$$\frac{-7x}{-7}＝\frac{-63}{-7}$$
$$x＝9$$
$(2)4x＋15＝-17$
$$4x＝-32$$
$$x＝-8$$
$(3)2x＝20-3x$
$$5x＝20$$
$$x＝4$$
$(4)2x＋5＝3x＋11$
$$-x＝6$$
$$x＝-6$$
$(5)5x＋3＝3x-7$
$$2x＝-10$$
$$x＝-5$$
$(6)6x-8＝9x-2$
$$-3x＝6$$
$$x＝-2$$

❸ $(1)x＝4$　$(2)x＝-3$　$(3)x＝-3$　$(4)x＝4$

$(5)x＝7$　$(6)x＝7$

解き方
$(1)x＋5(9-2x)＝9$
$$x＋45-10x＝9$$
$$-9x＝-36$$
$$x＝4$$
$(2)3(2x-8)＝7(x-3)$
$$6x-24＝7x-21$$
$$-x＝3$$
$$x＝-3$$

$(3)0.7x-1＝1.3x＋0.8$
両辺に 10 をかけると
$$7x-10＝13x＋8$$
$$-6x＝18$$
$$x＝-3$$
$(4)0.5(3x-2)＝5$
両辺に 2 をかけると
$$3x-2＝10$$
$$3x＝12$$
$$x＝4$$
(5) $x-\dfrac{x-1}{3}＝5$
両辺に 3 をかけると
$$3x-(x-1)＝15$$
$$3x-x＋1＝15$$
$$2x＝14$$
$$x＝7$$
(6) $\dfrac{3x-1}{4}-\dfrac{x＋5}{3}＝1$
両辺に 12 をかけると
$$3(3x-1)-4(x＋5)＝12$$
$$9x-3-4x-20＝12$$
$$5x＝35$$
$$x＝7$$

❹ $(1)x＝21$　$(2)x＝5$

解き方 $a：b＝c：d$ のとき $ad＝bc$ を使います。
$(1)4：14＝6：x$
$$4×x＝14×6$$
$$x＝21$$
(2) $(x＋4)：6＝3x：10$
$$(x＋4)×10＝6×3x$$
$$10x＋40＝18x$$
$$-8x＝-40$$
$$x＝5$$

❺ $a＝7$

解き方 方程式に $x＝-8$ を代入すると
$$16＋a×(-8)＝4×(-8)-8$$
$$16-8a＝-32-8$$
$$-8a＝-56$$
$$a＝7$$

❻ 5

解き方 ある数を x とすると
$$5x-7＝2x＋8$$
$$3x＝15$$
$$x＝5$$
これは問題に適しています。

⑦ 560 円

解き方

本の値段を x 円とすると
$$1460-x=2(1010-x)$$
$$1460-x=2020-2x$$
$$x=560$$

本の値段を 560 円とすると，A さんの残金は 900 円，B さんの残金は 450 円となり，問題に適しています。

⑧ 27 人

解き方

子どもの人数を x 人とすると
$$3x+19=4x-8$$
$$-x=-27$$
$$x=27$$

これは問題に適しています。

⑨ 1800 m

解き方

家から学校までの道のりを x m とすると
$$\frac{x}{60}=\frac{x}{150}+18$$
$$5x=2x+5400$$
$$x=1800$$

道のりを 1800 m とすると，分速 60 m で 30 分かかり，分速 150 m で 12 分かかるから，問題に適しています。

⑩ 12 km

解き方

家から博物館までの道のりを x km とすると
$$\frac{x}{12}=\frac{12}{60}+\frac{x}{15}$$
$$5x=12+4x$$
$$x=12$$

道のりを 12 km とすると，弟は 1 時間かかり，兄は 48 分かかるから，問題に適しています。

予想問題 4

出題傾向

この単元でよく出題されるのは，比例，反比例の式を求めたり，グラフをかいたりする問題である。比例，反比例それぞれの特徴をノートなどにまとめておこう。キーポイントは比例定数の求め方。比例のときは $\frac{y}{x}=a$，反比例のときは $xy=a$ を使うと速く求められるよ。

① (1)いえる (2)いえない

解き方

(1)x の値が 1 つ決まると，それに対応して y の値がただ 1 つに決まるから，y は x の関数であるといえます。

(2)x の値を 1 つ決めても，その倍数は無数にあって，ただ 1 つに決まりません。
したがって，y は x の関数とはいえません。

② (1)$y=3x$ と表されるから，y は x に比例する。

(2) 3 (3) 2 倍になる。

解き方

(1)(周の長さ)＝(1 辺の長さ)×3
より，$y=3x$ と表されます。

(2)比例の式 $y=ax$ における定数 a を比例定数といいます。

(3)y が x に比例するとき，x の値が n 倍になると，y の値も n 倍になります。

③ (1)$y=\dfrac{32}{x}$ と表されるから，y は x に反比例する。

(2)32 (3)$\dfrac{1}{3}$ 倍になる。

解き方

(1)$\dfrac{1}{2}\times x\times y=16$ より $y=\dfrac{32}{x}$

(2)反比例の式 $y=\dfrac{a}{x}$ における定数 a を比例定数といいます。

(3)y が x に反比例するとき，x の値が n 倍になると，y の値は $\dfrac{1}{n}$ 倍になります。

④ (1)$y=-6$ (2)$y=-10$

解き方

(1)$y=ax$ に $x=6$，$y=4$ を代入すると
$$4=6a \quad a=\frac{2}{3} \quad y=\frac{2}{3}x \text{ に } x=-9 \text{ を代}$$
入すると $y=\dfrac{2}{3}\times(-9)=-6$

(2)$y=\dfrac{a}{x}$ に $x=2$，$y=25$ を代入すると
$$25=\frac{a}{2} \quad a=50 \quad y=\frac{50}{x} \text{ に } x=-5 \text{ を代}$$
入すると $y=\dfrac{50}{-5}=-10$

⑤ (1)-5　(2)-20

解き方

(1)$y=ax$ に $x=-4$，$y=10$ を代入すると

$$10=-4a \qquad a=-\dfrac{5}{2}$$

$y=-\dfrac{5}{2}x$ に $x=2$ を代入すると

$$y=-\dfrac{5}{2}\times 2=-5$$

(別解)比例の性質を使って解くこともできます。

x の値が $\dfrac{2}{-4}=-\dfrac{1}{2}$ 倍になると y の値も

$-\dfrac{1}{2}$ 倍になるから　$y=10\times\left(-\dfrac{1}{2}\right)=-5$

(2)$y=\dfrac{a}{x}$ に $x=-4$，$y=10$ を代入すると

$$10=\dfrac{a}{-4} \qquad a=-40$$

$y=-\dfrac{40}{x}$ に $x=2$ を代入すると

$$y=-\dfrac{40}{2}=-20$$

(別解)反比例の性質を使って解くこともできます。

x の値が $\dfrac{2}{-4}=-\dfrac{1}{2}$ 倍になると y の値は -2

倍になるから　$y=10\times(-2)=-20$

⑥ (1)A $(3,\ 4)$，B $(-3,\ 2)$

(2)
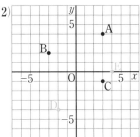

(3)$15\ \mathrm{cm}^2$

解き方

(1)，(2)x 座標が a，y 座標が b の点の座標を $(a,\ b)$ と表します。

(3)AC を底辺とすると，AC の長さは点 A と C の y 座標の絶対値の和で　$4+1=5$

高さは点 A と B の x 座標の絶対値の和で $3+3=6$

三角形の面積は　$\dfrac{1}{2}\times 5\times 6=15(\mathrm{cm}^2)$

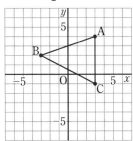

⑦ (1)$y=\dfrac{4}{3}x$　(2)$y=-\dfrac{2}{3}x$　(3)$y=\dfrac{12}{x}$

(4)$y=-\dfrac{4}{x}$

解き方

(1)点 $(3,\ 4)$ を通っているから

$y=ax$ に $x=3$，$y=4$ を代入すると

$$4=3a \text{ より } \quad a=\dfrac{4}{3}$$

よって　$y=\dfrac{4}{3}x$

(2)点 $(-3,\ 2)$ を通っているから

$y=ax$ に $x=-3$，$y=2$ を代入すると

$$2=-3a \text{ より } \quad a=-\dfrac{2}{3}$$

よって　$y=-\dfrac{2}{3}x$

(3)点 $(3,\ 4)$ を通っているから

$y=\dfrac{a}{x}$ に $x=3$，$y=4$ を代入すると

$$4=\dfrac{a}{3} \text{ より } \quad a=12$$

よって　$y=\dfrac{12}{x}$

(4)点 $(4,\ -1)$ を通っているから

$y=\dfrac{a}{x}$ に $x=4$，$y=-1$ を代入すると

$$-1=\dfrac{a}{4} \text{ より } \quad a=-4$$

よって　$y=-\dfrac{4}{x}$

⑧ **80 本**

解き方

ねじの重さは本数に比例するから，本数が n 倍になると重さも n 倍になります。

$$20\times\dfrac{600}{150}=80(\text{本})$$

(別解)ねじ x 本の重さを y g とすると，ねじ 1 本の重さは $150\div 20=\dfrac{15}{2}$(g) より，$y=\dfrac{15}{2}x$ と表されます。

この式に $y=600$ を代入すると

$$600=\dfrac{15}{2}x \qquad x=80$$

⑨ $(4,\ 2)$

解き方

三角形 OAB の底辺を OB($6\ \mathrm{cm}$)としたときの高さを $h\ \mathrm{cm}$ とすると，h は点 A の y 座標です。

三角形 OAB の面積について

$$\dfrac{1}{2}\times 6\times h=6 \qquad h=2$$

点 A は $y=\dfrac{1}{2}x$ のグラフ上の点で，y 座標が 2 であるから　$2=\dfrac{1}{2}x \qquad x=4$

よって，点 A の座標は　$(4,\ 2)$

出題傾向

基本図形の性質と名称を問う問題が小問としてよく出題される。確実に得点できるようにしておこう。

作図の問題は，基本から応用まで必ず出題される。円をかくときは，中心や半径がずれないように，線をひくときは，交点に注意して，ていねいにかくようにしよう。

---

① 9 cm

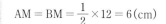

解き方

$AM = BM = \dfrac{1}{2} \times 12 = 6$(cm)

$MN = \dfrac{1}{2} \times 6 = 3$(cm)

$AN = 6 + 3 = 9$(cm)

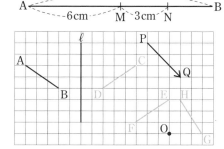

解き方

それぞれの移動の性質を考えて，対応する点を求め，線分をひきます。

①AとC，BとDが対応します。

　直線 ℓ と AC，BD の交点をそれぞれ J，K とすると

　AJ＝CJ，BK＝DK，

　AC⊥ℓ，BD⊥ℓ

②CとE，DとFが対応します。

　PQ＝CE＝DF

　PQ∥CE∥DF

③EとG，FとHが対応します。

　OE＝OG

　OF＝OH

　∠EOG＝∠FOH＝90°

③ 点Pを，点Oを回転の中心にして，時計の針の回転と反対方向に 80° 回転移動させる。

解き方

点QとRの位置を確認してから考えます。回転移動では，回転の中心，回転の向き，回転の角度，この3つを明確に示さなくてはなりません。

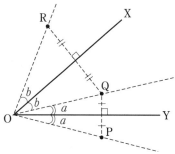

$\angle POR = \angle a + \angle a + \angle b + \angle b$

$\qquad = (\angle a + \angle b) + (\angle a + \angle b)$

$\qquad = 40° + 40°$

$\qquad = 80°$

④ (例)

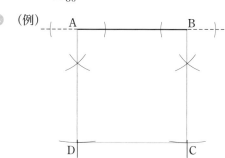

解き方

点 A，B を通る線分 AB の垂線を作図し AB＝AD＝BC となる点 C，D をとり，それぞれを結びます。

⑤ (例)

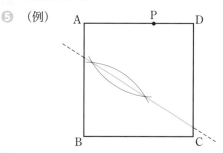

解き方

折り目の線を対称の軸としたとき，点BとPが対応する点となるから，折り目の線は線分BPの垂直二等分線となります。

よって，線分BPの垂直二等分線をひき，その垂直二等分線のうち，正方形の内部にある部分が折り目の線となります。

⑥ (例)

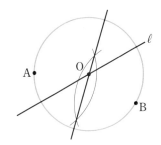

解き方 円の中心を O とすると，OA＝OB であることから，O は線分 AB の垂直二等分線上にあります。よって，線分 AB の垂直二等分線と直線 ℓ との交点を O とし，半径 OA の円をかきます。

❼ (1)直線 ℓ から 7cm 離れた 2 本の平行な直線
(2)点 O を中心とする半径 4cm の円

解き方 (1)直線 ℓ ともうひとつの直線 AB が平行であるとき，直線 ℓ 上のどの点をとっても，その点と直線 AB との距離は等しくなります。よって，直線 ℓ からの距離が 7cm である点は直線 ℓ に平行な直線上にあります。

(2)点 O を中心とした円の円周上のどこに点をとっても，その点と点 O との距離は一定です。
よって，点 O からの距離が 4cm である点は点 O を中心とする半径 4cm の円周上にあります。

出題傾向

次の内容の出題が多い。
・直線や平面の位置関係
・展開図や投影図と見取図の関係
・表面積と体積
立体の辺や面の構成を，見取図をかいて読み取れるようにしておこう。

❶ (1)× (2)× (3)○ (4)×

解き方 (1)下の図のように，$m \perp P$ です。

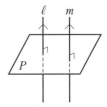

(2)下の図のように，$m /\!/ P$ や交わる場合もあります。

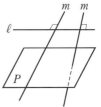

(3)下の図のように，$Q /\!/ \ell$ です。

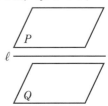

(4)下の図のように，$Q /\!/ \ell$ や交わる場合もあります。

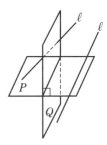

❷ (1)ねじれの位置 (2)垂直 (3)平行 (4)垂直
(5)垂直

見取図をかいて，頂点や面の記号をかくと，下の図のようになります。

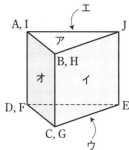

(1)平行でなく交わらないから，ねじれの位置にあります。

(2)面 AJEF(**エ**)は長方形であるから，
直線 AJ⊥直線 JE です。

(3)直線 BC は，面**エ**上にある直線 IF と平行であるから　直線 BC∥面**エ**

(4)∠ABJ＝∠ABC＝90° より　直線 AB⊥面**イ**

(5)底面(面**ア**)と側面(面**オ**)は垂直に交わります。

(1)表面積…140π cm², 体積…225π cm³

(2)表面積…360 cm², 体積…400 cm³

(1)底面積は　$\pi \times 5^2 = 25\pi \, (\text{cm}^2)$
側面積は　$9 \times 2\pi \times 5 = 90\pi \, (\text{cm}^2)$
表面積は　$25\pi \times 2 + 90\pi = 140\pi \, (\text{cm}^2)$
体積は　　$25\pi \times 9 = 225\pi \, (\text{cm}^3)$

(2)底面積は　$10 \times 10 = 100 \, (\text{cm}^2)$
側面積は　$\dfrac{1}{2} \times 10 \times 13 \times 4 = 260 \, (\text{cm}^2)$
表面積は　$100 + 260 = 360 \, (\text{cm}^2)$
体積は　　$\dfrac{1}{3} \times 100 \times 12 = 400 \, (\text{cm}^3)$

表面積…36π cm², 体積…36π cm³

直径 6 cm の球ができます。
表面積は　$4\pi \times 3^2 = 36\pi \, (\text{cm}^2)$
体積は　　$\dfrac{4}{3}\pi \times 3^3 = 36\pi \, (\text{cm}^3)$

(1)12 cm　(2)64π cm²

(1)母線の長さを x cm とすると
$2\pi \times x \times \dfrac{120}{360} = 2\pi \times 4$ より　$x = 12$

(2)側面積は $S = \dfrac{1}{2}\ell r$ を使います。
$\pi \times 4^2 + \dfrac{1}{2} \times 12 \times (2\pi \times 4) = 64\pi \, (\text{cm}^2)$

(別解)側面積は　$\pi \times 12^2 \times \dfrac{120}{360} = 48\pi \, (\text{cm}^2)$

❻ (1)
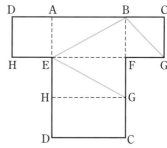

(2)250 cm³

(1)展開図に容器の頂点の記号をかきこんで，図のように線分で結びます。

(2)残った水の体積は，底面が △EFG，高さが FB の三角錐の体積に等しくなります。
$6 \times 10 \times 5 - \dfrac{1}{3} \times \left(\dfrac{1}{2} \times 6 \times 10\right) \times 5 = 250 \, (\text{cm}^3)$

❼ **(1)弧の長さ…5π cm，面積…15π cm²**

(2)240°

(1)弧の長さは
$2\pi \times 6 \times \dfrac{150}{360} = 5\pi \, (\text{cm})$

面積は　$\pi \times 6^2 \times \dfrac{150}{360} = 15\pi \, (\text{cm}^2)$

(2)中心角を $x°$ とすると
$2\pi \times 9 \times \dfrac{x}{360} = 12\pi$

これを解くと　$x = 240$

出題傾向

度数分布表やヒストグラムの読みとりの問題がよく出題される。その中でも特に，相対度数や累積相対度数を求める問題が多い。これらの値のもつ意味や求め方を確実に覚えておこう。

❶ (1)10 cm

(2)(人)

(3)50 cm 以上 60 cm 未満

(4)30 %　(5)0.20　(6)45 cm　(7)44.5 cm

解き方

(1)30−20＝10(cm)

(2)度数にあわせて長方形をかきます。
　長方形はくっつけてかきます。

(3)記録がよい方から数えて 2 番目から 6 番目の
　生徒が 50 cm 以上 60 cm 未満の階級に入って
　います。

(4)(2＋4)÷20＝0.3 → 30 %

(5)4÷20＝0.20

(6)最頻値は，度数がもっとも大きい階級の階級
　値で　(40＋50)÷2＝45(cm)

(7)(25×2＋35×4＋45×8＋55×5＋65×1)÷20
　＝44.5(cm)

❷ ③

解き方

①平均値が中央の順位にくるとはかぎりません。
　中央にくる代表値は中央値。

②平均値の度数がもっとも大きくなるとはかぎ
　りません。②がいえる代表値は最頻値。

③(合計)＝(平均値)×(度数)
　8.3×30＝249(秒)
　よって，③は必ずいえます。

❸ (1)度数折れ線　(2)20 人　(3)0.40　(4)12　(5)0.85

解き方

(1)度数をもとにしたグラフで，度数折れ線とい
　います。

(2)1＋3＋8＋5＋3＝20(人)

(3)8÷20＝0.40

(4)グラフより，度数を読みとります。
　20 kg 以上 25 kg 未満は 1，25 kg 以上 30 kg 未
　満は 3，30 kg 以上 35 kg 未満は 8。
　1＋3＋8＝12

(5)階級 35 kg 以上 40 kg 未満の累積度数は 17。
　17÷20＝0.85

❹ (1)0.4

(2)およそ 400 回

解き方

(1)相対度数を求めます。
　160÷400＝0.4

(2)回数ごとの相対度数は，以下のとおりです。
　100 回…0.44
　150 回…0.41
　200 回…0.43
　250 回…0.41
　300 回…0.40
　350 回…0.40
回数が増えるごとに 0.4 に近づいていくので確
率は 0.4 といえます。
1000×0.4＝400(回)